光纤风险监控与应急管理
——信号处理与智能分析

王松　胡燕祝　宋钢　编著

U0264372

中国石化出版社

内 容 提 要

本书从理论和工程相结合的角度出发，对 Phase-OTDR 技术所采集的振动信号进行分析梳理，重点阐述了 Phase-OTDR 振动信号的预处理、Phase-OTDR 振动信号的特征提取与存储以及 Phase-OTDR 振动信号的识别与监测等内容。

本书内容理论与实际相结合，解决了 Phase-OTDR 技术在实际工程应用中的预处理、特征提取与存储、识别与监测等方面存在的"信噪耦合""模态混叠""数据膨胀"等问题，对提高土木建筑、石油化工、电力、通信、航空等行业的应急管理本质安全风险监测水平有很好的参考作用。

图书在版编目（CIP）数据

光纤风险监控与应急管理：信号处理与智能分析 /
王松，胡燕祝，宋钢编著．—北京：中国石化出版社，
2022.8
ISBN 978-7-5114-6825-3

Ⅰ．①光… Ⅱ．①王… ②胡… ③宋… Ⅲ．①信号处
理-研究 ②信号分析-研究 Ⅳ．①TN911

中国版本图书馆 CIP 数据核字（2022）第 141343 号

中国石化出版社出版发行
地址：北京市东城区安定门外大街 58 号
邮编：100011 电话：（010）57512500
发行部电话：（010）57512575
http://www.sinopec-press.com
E-mail：press@sinopec.com
北京富泰印刷有限责任公司印刷
全国各地新华书店经销
*
710×1000 毫米 16 开本 7 印张 127 千字
2022 年 8 月第 1 版　2022 年 8 月第 1 次印刷
定价：56.00 元

前 言
PREFACE

　　近年来，分布式光纤传感技术因其无源、抗电磁干扰以及可远距离大范围监测等特性，在公共建筑、桥梁隧道等基础设施安全监测领域中得到了广泛应用并发挥着举足轻重的作用，引起了国内外学者的重点关注和深入研究。随着分布式光纤传感振动采集系统的广泛应用，对光纤振动信号的分析越加深入。分布式光纤传感振动系统可用来对居民生活和劳动生产造成安全和经济损失的异常事件进行监测，而监测的本质是对异常事件产生的 Phase-OTDR(Phase Optical Time Domain Reflection)振动信号类型进行识别。目前已有的 Phase-OTDR 振动信号识别方法对判别事件是否异常的准确率较高，但在生产和生活等噪声含量大的环境中，振动信号的识别应用仍存在信噪分离不充分、特征不匹配、识别率不稳定等问题，使得系统对振动信号的种类识别错误，造成异常事件的错诊和误诊。

　　针对上述问题，本书以分布式光纤传感振动信号作为研究对象开展研究，具体阐述了以下内容：

　　(1) Phase-OTDR 振动信号的预处理。由于分布式光纤信号具有非平稳、非线性的特性，且现实环境中存在大量的低频噪声，因此在经验模态分解法(Empirical Mode Decomposition，EMD)的基础上对算法进行改进，对算法进行信噪分离。设计实验探究该方法对于分布式光纤信号的去噪效果，并将该方法与传统去噪法进行比较，验证本书提出方法的适用性。

　　(2) Phase-OTDR 振动信号的特征提取与存储。根据光纤振动信号的分布特性，根据各类信号特征的取值，总结了每类信号的特征情况，提出两种不同的特征提取算法，将本书提出的特征提取算法取出的新特征与对照特征进行实验，验证新特征能更有效地表征信号。同时，本书在特征提取的基础上，在完全保留所有数据的基础上，采用 Huffman 编码存储的方式实现剪切波系数的无损压缩，进一步减少存储空间。

（3）Phase-OTDR 振动信号的识别与监测。现实环境中采集到的分布式光纤振动信号具有数据结构较为复杂、数据分布较不平衡、信号数量较多等特点，在外界环境中，目标信号的数据量远远小于整段光纤信号数据，单个分类模型的识别准确率较低。因此本书基于集成学习的思想，对分布式光纤信号识别效果较好的多分类器进行融合，提升分类模型的分类性能。同时，本书基于信号分类识别的基础，针对模态参数异常与累计负载异常对信号进行异常监测，并实验验证本书提出算法对信号分类识别与异常监测的准确性。

本书的出版得到了北京邮电大学现代邮政学院（自动化学院）各位领导和教授的大力支持，也得到中国灾害防御协会工业防灾专业委员会（筹）有关专家和学者的帮助，同时感谢北京邮电大学刘娜、张越、康慧兵同学为本书的辛苦付出，在此一并表示衷心的感谢！

目 录
CONTENTS

I

1 绪 论

1.1 研究背景及意义

近年来，分布式光纤传感技术（Phase Optical Time Domain Reflection，Phase-OTDR）因其无源、抗电磁干扰能力强以及可大范围监测等特性，已广泛应用于居民住宅、交通、军事等重点区域的安防中，会对居民生活和劳动生产造成安全和经济损失的异常事件进行监测，而监测的本质是对异常事件产生的 Phase-OTDR 振动信号类型进行识别[1]。目前已有的 Phase-OTDR 振动信号识别方法对判别事件是否异常的准确率较高，但在生产和生活等噪声含量大的环境中，振动信号的识别应用仍存在信噪分离不充分、特征不匹配、识别率不稳定等问题，使得系统对振动信号的种类识别错误，造成异常事件的错诊和误诊。

此外，全分布式光纤传感系统在全天 24h 连续实时监测的过程中往往会产生巨大的数据量。例如，针对监测距离为 20km 的分布式光纤传感系统，按照空间分辨率为 10m、数据采样率为 1kHz 计算，系统每秒钟采集 2M 个监测数据，每个数据按 4 个字节计算，则每秒钟采集的数据量为 8M，在全天候连续监测的情况下，一天采集的数据量约为 675G。随着分布式光纤传感系统性能指标的不断提升，其监测频带越来越宽，监测距离越来越远[2]。当采样频率为 10kHz，监测距离为 40km 时，一天采集的数据量约为 12909G。此时，和原先相比采集得到的数据已经增加了 18 倍。依次类推，当监测距离和监测频带继续增加的时候，每天采集的监测数据也会几十倍甚至上百倍地增加。监测数据的剧增将会导致数据膨胀，这不仅会带来存储空间不足的问题，还会对后续的数据处理效率造成严重影响。数据膨胀问题使得具有长时间广范围连续监测、高时空分辨率等优良性能指标的分布式光纤传感系统在实际应用中不能充分发挥其优势和作用。

为了解决数据膨胀问题，需要对分布式光纤海量传感数据进行压缩处理，现有的压缩处理方法分为有损压缩和无损压缩。基于离散余弦变换和小波变换的典型有损压缩方法只针对时间维度上的信号进行了压缩研究，所以更适用于压缩点式传感器采集的这种一维信号，而不适用于分布式光纤传感系统采集获得的二维信号。而基于哈夫曼编码、算术编码的无损压缩方法无法满足分布式光纤海量传感数据的压缩比要求。

针对上述问题，本书以几种典型异常事件作为研究对象，对事件产生的信号进行分类，从而达到异常诊断的效果，之后针对不同的分类信号进行存储，主要利用编码存储研究方法，编码存储是在数据精简的基础上进行无损压缩，在保留原始信号大部分特征信息的基础上利用编码的方式对特征提取后的数据进行存储，从而减少存储空间，提高空间利用率。

1.2 研究现状

1.2.1 分布式光纤振动信号的去噪方法研究现状

由于分布式光纤具有高灵敏度的特性，使得检测出的信号存在大量噪声，因此有效抑制信号中存在的噪声，对信号识别精度的提升有重要意义。针对信号去噪方面，常用于 Phase-OTDR 振动信号去噪的方法有小波阈值去噪法、经验模态分解（Empirical Mode Decomposition，EMD）等方法[3]。2012 年，尚静等人对比了小波阈值去噪法中的硬阈值和软阈值去噪效果[4]；2013 年，钟翔等人通过实验证明了小波分解法在长距离复杂环境中的信噪分离中，有一定降噪能力[5]。Li 等人通过实验确定小波去噪法中小波分解层数的最优值，对分布式光纤信号进行去噪处理[6]。2014 年，王均荣等提出了一种基于经验模态分解和一维全变分的去噪方法，该方法可有效地去除一维信号中的噪声[7]。2018 年，杨会等人将 Curvelet 阈值降噪的原理引入二维经验模态分解方法，对实验模拟的地震信号和真实环境检测的地震信号进行处理，能有效去除地震信号中的随机噪声，并较完整地保留地震数据的特征[8]。通过对以上信噪分离方法的调研可知，小波去噪法对高频噪声有很好的去除效果，但其去噪效果受阈值和基函数影响较大，且该方法对低频噪声的去除效果不尽如人意，而低频信号在外界真实环境中大量存在，因此 EMD 分解十分适用于光纤振动信号的处理，但 EMD 方法仍存在模态混叠和端点效应的问题，因此本书在 EMD 算法的基础上进行改进对光纤振动信号进行去噪处理。

1.2.2　分布式光纤振动信号的特征提取方法研究现状

针对信号特征提取方法的研究，根据分布式光纤信号的特性，基础的 Phase-OTDR 振动信号特征主要为时域和频域特征，该特征可以描述信号的幅度取值、频率分布和峰值情况等[9]。2007 年饶云江等人基于分布式光纤的时频域特征，选取边缘峰值和功率谱对信号进行特征提取[10]。2014 年，Zhu H 等人选取时域和频域的 4 种特征，对光纤的入侵信号进行特征提取[11]。2010 年，Mahmoud S 等人提取自适应的时域特征输入人工神经网络中进行分类识别[12]。

基于时域和频域提取的特征，仅仅可以表达在信号波形和信号频率两个维度上信号的局部特征信息。然而小波去噪无法去除信号的低频噪声，且分解层数越多则特征维度越高，计算负担增大，因此小波分解的特征提取方法不完全适用于存在大量低频信号且数据量巨大的 Phase-OTDR 振动信号。

1.2.3　分布式光纤振动信号的识别方法研究现状

针对分布式光纤信号识别的研究，常用的分类模型的主要有 K 近邻算法（K-Nearest Neighbor，KNN）、随机森林及支持向量机（Support Vector Machine，SVM）等传统的机器学习算法，以及 BP 神经网络、卷积神经网络（Convolutional Neural Network，CNN）及概率神经网络模型（Probabilistic Neural Network，PNN）等深度学习算法。2013 年，Chen B 等人采用短时傅里叶变换对故障信号的时域和频域进行分析，将提取出的中心频域和信号能量比作为特征向量，将提取到的特征向量输入到 BP 神经网络中进行分类，判断承轴故障类型[14]。2015 年，Sun Q 等人基于相关向量机（Relevance Vector Machine，RVM），提取扰动信号的时空特征，对泄漏、挖掘、车辆经过三种事件进行诊断[15]。2016 年，毕福昆等人采用 KNN 方法对采集到的 Phase-OTDR 振动信号进行分类[16]。同年，Huang Y 等人采用 SVM 和粒子群优化算法（Particle Swarm Optimization，PSO）对采集到的泄漏、跑动、挖掘等振动信号的类型进行预测[17]。同年，Wu H 等人使用小波包分解和 BP 神经网络算法融合的方式，对信号背景的噪声、监测到的人工进行挖掘以及有车辆在附近经过 3 种信号进行分析诊断[18]。2017 年，Xu C 等人使用谱减法对扰动信号进行信噪分离，然后分别提取了信号的短时能量比、振动时间、功率谱能量等五种特征向量，并使用 SVM 模型对摇晃、敲击、破坏、碾压四种异常事件进行识别[19]。2019 年，付群健提出了一种基于梯度增强决策树的支持向量机集成学习方法,其使用该方法分类未知的振动信号[20]。同年,Qu H 等人使用自举采样(bagging)融合自适应提升(AdaBoost)方法及原随机配置网络(SCN),在此基础上构思 AdaBoost-bootstrap-SCN 用于进行光纤信号识别[21]。Wang X 在 2020 年提出了一种基于 PNN 模型的入侵事件分类方法,对不同类型的入侵事件进行分类识别,平均识别率可达 90%以上[22]。

通过对以上分布式光纤信号识别方法的调研可知,KNN 在处理庞大的数据量时速率较慢,且不适用于不平衡样本。SVM 分类效果受核函数影响较大,分类效率较低。多层深度学习网络模型结构复杂,训练成本较大且难以解释得出的训练结果。在此基础上,随机森林和 BP 神经网络方法对结构复杂、分布较不平衡、信号数量较多的数据分类效果良好,且模型结构较为简单。然而在外界环境中,目标信号的数据量远远小于整段光纤信号数据,单个分类模型的识别准确率较低。因此,为综合各分类模型对光纤振动信号识别的优点,并避免单分类器出现的泛化能力较弱的缺点,可基于集成学习的原理,选取单分类器识别效果较好,且适合分布式光纤信号数量和分布的多个分类器进行融合,作为分布式光纤振动信号识别的分类模型。

因此,需要对各种光纤振动信号特点进行分析,选取去噪效果更好、适用性更高的方法,提取最能表征不同 Phase-OTDR 振动信号特点的向量,最后输入到分类效果良好的分类器进行分类,使复杂环境中的异常事件诊断方法更加适应于实际场景需求。

1.3　本书内容

本书以分布式光纤传感振动信号作为研究对象,针对异常的光纤振动信号进行分析处理,为解决振动信号的识别应用仍存在信号去噪不充分、特征不匹配、识别率不稳定等问题,提出一系列去噪及信号识别监测方法,主要内容如下:

(1)Phase-OTDR 振动信号的预处理

确定分布式光纤传感振动信号作为研究对象,对振动信号进行预处理,提出了改进的分帧方式,分析不同类型的振动信号和噪声信号在时域和频域的不同特征,总结信号特点,为后续的特征提取奠定基础。

(2)Phase-OTDR 振动信号的去噪方法

本书研究经验模态分解算法,在该算法的基础上进行改进,提出多种不同算法的信号去噪方法，同时以多种光纤传感振动信号作为实验对象，并将本书提出的算法与传统的信号去噪方法进行对比，验证该方法更适用于光纤传感振动信号。

（3）Phase-OTDR 振动信号的特征提取与存储

通过对 Phase-OTDR 分布式光纤振动数据进行预处理和降噪后，实现了分布式光纤信号去噪的充分性，并优化了信号特征。根据处理后的信号特征，结合时域频域等多种特点，根据各类信号特征的取值，总结了每类信号的特征情况。并建立多种模型对新特征和对照特征进行实验，证明提出的特征能更有效表征信号。另外，本书对特征提取后的信号进行存储，一定程度上对信号进行压缩处理，提高信号存储效率。

（4）Phase-OTDR 振动信号的识别方法

在对分布式光纤信号的分类识别中，仅靠某一种理论或某一种模型，很难全面提高异常诊断系统的鲁棒性、实时性、准确性等性能要求。因此，结合每个子分类器的优势，将多个机器学习模型进行融合，从而解决单一的分类器模型存在的结构复杂、运算速度慢、不适用于不平衡样本、泛化能力差等缺陷，获得更好的分类效果。本书采用随机森林、BP 神经网络和 AdaBoost 分类器进行融合，设置敲击、挖地和攀爬三种模式类型。通过预先选择的特征向量和分类融合方法对三类异常信号进行识别，并与单一分类器分类方法进行对比实验，以评估本书方法对目标异常信号的识别效果。

（5）Phase-OTDR 振动信号的异常监测方法

Phase-OTDR 光时域反射仪采集的信号为振动信号，由于在实际环境中采集到的信号是不确定的，无法保证在时域上长时间的稳定。在特征提取与信号分类识别的基础上，本书对模态参数异常与累计负载异常两种异常进行研究，采用非平稳信号分析方法对去噪后的信号进行异常分析，实现负载异常的监测。

2 Phase-OTDR振动信号的预处理

本书提到的分布式光纤信号识别方法主要针对外界环境出现的异常行为时产生的振动信号进行识别,为提高异常事件诊断的准确率,需保证采集到的信号样本的真实性完整性,并根据信号的特点进行充分分析,从而为后续的信号特征提取奠定基础。本章对分布式光纤振动信号的预处理进行讨论,并从时域和频域方面分析各类信号的特点,为后续的信噪分离和特征提取奠定基础。

2.1 实验数据分析

本书以交通道路可能发生的人为破坏路面、非法施工和攀爬道路护栏的异常事件作为研究对象,选取敲击、挖地、攀爬振动信号作为实验数据。实验中的三类振动信号参数如表2-1所示。

表2-1 分布式光纤信号采集参数及结果

信号类型	采集频率/kHz	采集范围/m	采集时长/s	采集次数/次
敲击	10	10	10	10
挖地	10	10	20	8
攀爬	10	20	25	10

采集到的三类振动信号和交通运行中产生的人员走动和车辆行驶产生的背景噪声时域图如图2-1所示。

(1)敲击信号

根据图2-1可以看出,当有敲击行为作用时,随着敲击行为规律性的改变,使得该信号具有一定的周期性。

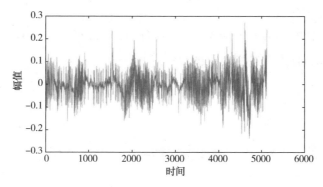

图 2-1　原始敲击信号图

（2）挖地信号

根据图 2-2 可以看出，采集的挖地信号的幅值高于敲击信号，且随着挖地行为规律性的改变，使得该信号具有一定的周期性。

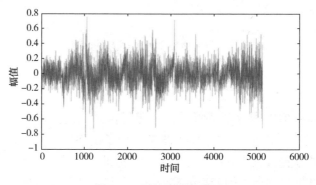

图 2-2　原始挖地信号图

（3）攀爬信号

根据图 2-3 可以看出，攀爬信号的幅值主要随着攀爬动作发生变化，其中有两段幅值大幅度改变，且没有周期性。

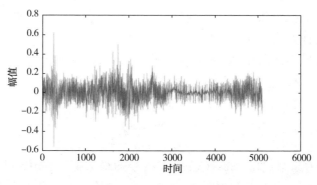

图 2-3　原始攀爬信号图

（4）噪声信号

该信号时域图为当有人和车流经过时的环境背景噪声，其波形与扰动事件的振动信号仍有很大区别。见图 2-4。

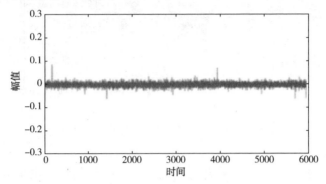

图 2-4　受影响噪声信号图

2.2　信号预处理

由于 Phase-OTDR 技术是光纤传感中灵敏度最高的技术手段之一，环境噪声同样会导致传感系统的光相位发生改变。为了消除由于光纤传感器自身引起的模态混叠和高次谐波失真问题，需要采取合适的滤波器，将采集得到的信号输入滤波器中，去除因设备原因产生的部分直流分量，使信号更加均匀、平滑[23]。

2.2.1　信号归一化

对分布式光纤信号进行预处理的第一个步骤，通常会将信号进行归一化处理，用以将这些数据框定在一定取值范围内，其主要目的是消除各个评估指标之间的量纲影响和奇异样本数据导致的负面影响。对数据归一化处理通常采用以下几种方法[24]：

（1）最大最小标准化（Min-Max Normalization）

最大最小标准化，也称为离差标准化，该方法通过对原始数据进行线性变换转换到[0，1]的范围，如式(2-1)所示：

$$x' = \frac{x - \min(x)}{\max(x) - \min(x)} \tag{2-1}$$

式中，x 为原始数据，$\max(x)$ 代表信号的最大值，$\min(x)$ 代表信号的最小值。但此方法在增加新数据时，$\max(x)$ 和 $\min(x)$ 可能会发生改变，很容易使得归一化结果不稳定，使得后续结果也不稳定，因此需要将所有信号数据进行重新归一化。

（2）Z-score 标准化方法

Z-score 标准化的方法首先对数据进行等比例的缩小，然后将数据进行处理后，使其均值等于 0，标准差等于 1，令其在均值和标准化后限定在一个特定的值域间，数据呈现标准正态分布，如式（2-2）所示。

$$x' = \frac{x - \mu}{\sigma} \tag{2-2}$$

式中，μ 为样本均值，σ 为标准差。

（3）L2 范数归一化

对一个向量进行 L2 范数归一化时，需要对每个变量均除以向量本身的 L2 范数，以向量 $x(x_1, x_2, \cdots, x_n)$ 为例，计算其 L2 范数的公式如式（2-3）所示。

$$norm(x) = \sqrt{x_1^2 + x_2^2 + \cdots + x_n^2} \tag{2-3}$$

将 x 映射 x'，通过计算令 x' 的 L2 范式为 1，完成对初始信号的 L2 范式归一化，如式（2-4）所示。

$$
\begin{aligned}
I = norm(x') &= \frac{\sqrt{x_1^2 + x_2^2 + \cdots + x_n^2}}{norm(x)} \\
&= \sqrt{\frac{x_1^2 + x_2^2 + \cdots + x_n^2}{norm(x)^2}} \\
&= \sqrt{\left(\frac{x_1}{norm(x)}\right)^2 + \left(\frac{x_2}{norm(x)}\right)^2 + \cdots + \left(\frac{x_n}{norm(x)}\right)^2} \\
&= \sqrt{x_1'^2 + x_2'^2 + \cdots + x_n'^2}
\end{aligned}
\tag{2-4}
$$

2.2.2　信号预加重

在外界环境中，异常事件产生的振动信号数量远远少于背景噪声信号数量，因此识别的振动信号的变化速度比光信号的变化速度慢。通过对光信号进行频谱分析可看出，对于某个频段的振动信号，其频率越高越证明异常事件产生的振动信号含量越少。而由于异常事件作用于光纤时，会使光信号的幅值大幅度增加，从而导致其频率发生改变，使得该频段的频率较高。因此需采取一定手段，消除光信号发生改变时产生的直流分量对信号的干扰，减少信号的低频部分。使 Phase-OTDR 信号波形更平滑，时域特征更加准确，方便后续振动信号的频谱分析。

对 Phase-OTDR 信号进行预加重处理的常规方法是使用 FIR 滤波器进行

预加重[25]，其数学计算表达式如式(2-5)所示：

$$H_{pre}(z) = \sum_{k=0}^{N_{pre}} a_{pre}(k) z^{-k} \qquad (2-5)$$

由于采集设备也会对分布式光纤信号产生影响，因此可采用式(2-6)所示的滤波器，来减少因设备所产生的直流偏置，从而对信号进行预加重：

$$H_{pre}(z) = 1 - z^{-k} \qquad (2-6)$$

通常情况中，对数值 k 的选取为 1 或者 2。当 k 的数值选取为 1 时，FIR滤波器会将 Phase-OTDR 振动信号中的高频信号部分进行放大，使得频谱频率越高的信号，通过滤波器后的幅度值越大，体现其放大信号的作用。当 k 的数值选取为 2 时，信号的中频部分幅值增大，信号的频谱向中部靠拢，使得其频率曲线趋于平滑。见图2-5。

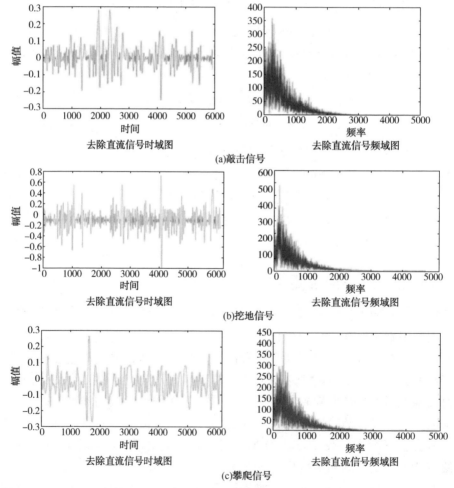

图2-5 三类分布式光纤信号帧时域与频域图

2.2.3 信号分帧处理

复杂环境中异常事件干扰和背景噪声会对 Phase-OTDR 的信号产生影响，因此该环境下采集的振动信号不稳定，随着时间的变化而变化。为了研究该信号特点，可划分信号为多个短时间片段，把每一个片段中的信号视作短时平稳信号。因为语音信号与进行划分后的短时平稳信号存在一定的相似性，所以能够参考语音信号的分帧处理方法[26]，按时间序列将信号按照一定长度进行分段处理，划分为短时信号段，其特征参数基本保持不变。常用的信号分帧方法有连续分帧和交叠分帧方式。连续分帧方式根据信号幅值差异直接从输出信号中划分振动信号片段，从而对扰动信号和无扰动的信号进行有效区分，然而该方法需对整个信号段进行查找，去除其后面所有不完整的信号段，对后续特征提取产生负面影响。交叠分帧方式通过对信号进行加窗处理，有效解决了连续分帧方式出现的问题。一般的信号分帧都采取交叠分帧的方式。以敲击信号为例，设定分帧的长度为 1000 个信号点，同时为了保证信号两端的信息不被削弱，且保持每个信号帧之间的连续性，以避免信号进行分帧操作处理后出现信号信息丢失的情况，对每一组相接的两帧分帧信号之间设置 500 个信号点长度的重叠部分，具体的敲击信号分帧过程如图 2-6 所示。

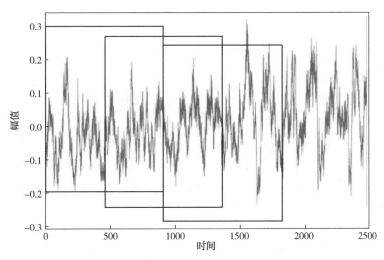

图 2-6　信号分帧示意图

如图 2-6 所示，信号的第一帧是从起始位置开始到第 1000 个信号点，如上图中左起第一个框中包括的信号图像，之后从信号起始位置向后滑动 500 个信号点，信号的第二帧是从 501 个信号点开始，到第 1500 个信号点结束。

在第一帧和第二帧之间，第 501 个信号点到 1000 个信号点是重复的。由此可知，第一帧和第二帧中均包含这 500 个信号点，按照上述操作依次向后滑动最终获得多个信号帧。

2.2.4　相关系数分帧

采用交叠分帧方式时，需对信号进行加窗处理，并设定固定的信号点用以分割信号，从而将分布式光纤信号分割成段，有利于对其进行后续处理。但是在对各类分布式光纤信号进行截取时，不同类别的振动信号可能被分割到不同的帧中，不能保证每种信号的分帧方式相同，其分帧设定的长度是否合理将直接影响后续特征提取的效果。尽管可以分别根据每种信号特点设置固定截取长度，但这种方法增加了系统的计算负担，同时有丢失振动信号的可能。因此，为消除前文所述方法的劣势，本书提出了一种对原有分帧方式的改良方法，在研究信号帧自身的特性时加入其相关系数，透过两个信号之间类似的特性，自适应分解确定信号帧长度。从而避免丢失振动信号的可能性，保持其完整性。相关系数表达如式（2-7）所示，两帧之间的相似度越高时，R 值越大；当存在振动信号时，R 越低。

$$R = \frac{\sum_{i=0}^{N-1} x\left[(i+1) \times (N+j)\right] x(i \times N + j)}{\sqrt{\sum_{j=0}^{N-1} x\left[(i+1) \times (N+j)\right]^2} \sqrt{\sum_{j=0}^{N-1} x\left[(i \times N + j)\right]^2}} \qquad (2-7)$$

式中，N 为数据划分周期，$x(i)$ 为信号帧的序列。

依据相关系数进行分帧的具体步骤如下：

（1）将数据中不同类别的信号分组。设定周期 N 的初始值，按照周期性对数据进行区分，生成信号帧序列 $x(i)$。

（2）为了维持在时间维度中分组后的信号数据依然是连续的，两个相接的信号帧之间需具备一定数量的交叠信号数据点，交叠信号数据点 L 与周期 N 之间保持 $L = N/3$ 的数学比例。R_0 代表相关系数的阈值，其意义是在 1 个周期信号中，交叠信号数据点在该信号点的大小。

（3）当 $i = 0$ 时，对比并记录两个周期数据得出的相关系数数值大小，如果全部的相关系数都比阈值 R_0 大，那么周期加 1 后再对其进行分割，一直到全部的相关系数都比阈值 R_0 小。

在经过依据相关系数进行分帧后，对采集到的三种分布式光纤振动信号和相同数量的噪声信号按照顺序进行了分帧操作，不同类别分布式光纤信号分帧后的信号帧的数量如表 2-2 所示。

表 2-2　分布式光纤各类型信号帧数目

信号类型	每列信号点数	每列信号帧数
敲击	13872	57
挖地	15642	68
攀爬	15642	46

2.3　信号时域频域分析

在对分布式光纤信号进行分帧操作之后，需要分析每一个类别的信号帧在时域与频域上的数据，对每一个类别的信号帧的特点进行总结，由此得出各类信号间时域和频域特征的不同，为后续的特征提取做准备。根据表 2-3 分布式光纤振动信号在时域取值情况，可较为直观地体现出敲击、挖地、攀爬信号在时域上取值的不同。

表 2-3　不同信号时域变量的取值情况

信号类型	最大幅值绝对值	幅值升高保持时长/ms	峰值个数
敲击	0.2938	200	10
挖地	0.7291	500	6
攀爬	0.5372	400	4

对三类敲击信号帧和噪声信号帧画时域和频域图，如图 2-7 所示。

由图 2-7 和图 2-8 中三类分布式光纤信号帧的信号时频图能够观测得到，信号波形会在出现由异常事件引发的震动信号时发生变化，例如突然性的幅值变大，但信号变化的趋势在信号帧中不尽相同。根据时域图和表 2-3 可以看出：三种类型的信号都有着信号幅度突然变化的情况发生，但与攀爬信号相比，敲击信号的变化持续时长较短，但与洼地和攀爬信号相比其变化频率更快。各个种类的信号与能量、幅度突变等时域特征有所不同。在频域上，敲击、挖地和攀爬信号的幅值均主要分布于 1000Hz 以下，且幅值随着频率降低时增高，呈现反比。同时，敲击、挖地和攀爬信号幅值较高的频带宽度不同，最大值点频率也不同。背景噪声在频率 1000Hz 以下和 3000Hz 以上有与各类振动信号类似的幅值，1000~4000Hz 的范围内各个类别目标信号与噪声信号在幅度上的数值有着比较大的区别。

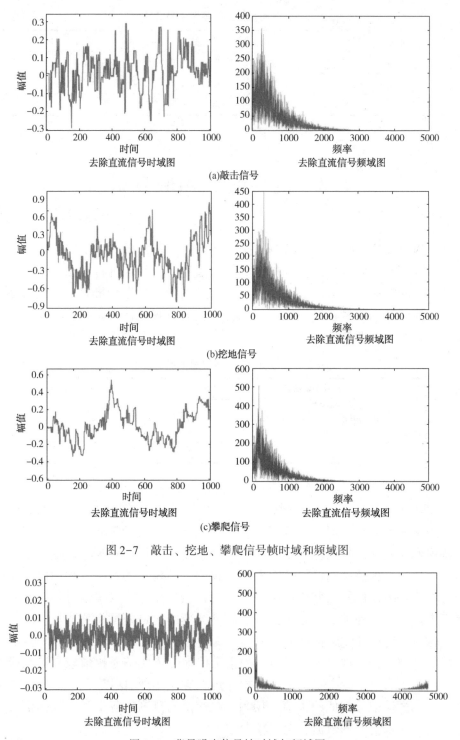

(a)敲击信号

(b)挖地信号

(c)攀爬信号

图 2-7　敲击、挖地、攀爬信号帧时域和频域图

图 2-8　背景噪声信号帧时域与频域图

2.4　本章小结

　　本章阐述了关于 Phase-OTDR 分布式光纤信号采集、信号预处理和去除直流分量后原始信号时频域分析的内容。首先根据本书研究方法针对的环境，确定了三种异常事件采集到的分布式光纤信号类型，对采集到的敲击、挖地和攀爬信号进行了数据存储和图像展示。为保证信号特征的完整性和分类识别的准确性，进而对信号进行预处理，提出了基于相关系数的分帧方式，通过原理和实验确定分帧的标准，并对三类分布式光纤信号帧与受环境背景影响的噪声信号帧绘制时频图像进行对比，对各个类别信号在幅度值与频率上的特点进行总结，比较信号之间的差异，对之后进行特征提取提供支持。

3 Phase-OTDR振动信号的去噪方法

分布式光纤振动信号的信噪分离是信号处理中最为重要的步骤之一。分布式光纤灵敏度较高，但在进行长距离信号检测时功率较低，且信号进行识别的环境十分复杂，伴随着大量的背景噪声，因此需要尽可能地去除噪声来保持信号本身的特征。根据分布式光纤信号非平稳、非线性的特性，且现实环境中存在大量的低频噪声，因此本章采用多种方法对分布式光纤传感振动信号进行去噪处理，多角度多维度对光纤振动信号进行处理，通过对不同算法处理后的结果进行对比，确定不同算法的去噪效果。

首先，本章采用自适应分解的经验模态分解法和对低频噪声去除效果较好的独立成分分析法进行信噪分离。分析经验模态分解和独立成分分析的信号方法去噪原理，提出基于构造虚拟通道的 EEMD-FastICA 去噪方法，并建立去噪模型评估指标，对比小波分析、集合经验模态分解、快速独立成分分析和 EEMD-FastICA 方法的去噪效果，验证本书采用的方法更适用于分布式光纤振动信号的信噪分离。

其次，本章根据分布式光纤振动数据的二维时空结构，结合 Ostu 阈值分割原理，采用基于模拟退火寻优的 Ostu 信噪分离方法对分布式光纤传感振动信号进行处理。分析基于模拟退火寻优的 Ostu 信噪分离方法的基本原理，对振动信号采用常用的经验模态分解法和本书提出的信噪分离方法进行了去噪处理，采用可视化展示和指标比较的方式对信噪分离效果进行了评估，完成基于模拟退火寻优的 Ostu 信噪分离方法去噪效果的有效性。

最后，本章研究基于改进的 BEMD 算法的 Phase-OTDR 信号去噪方法。Phase-OTDR 振动信号更类似于一种二维信号，而并非一般情况下的一维信号，包含了空间分布信息，是类似于图像信号又不与图像信号完全相同的二维信号，因为其作为振动信号在时间轴上的关联更为紧密。因此本章在滤波去噪中将 Phase-OTDR 振动信号视为一种二维信号进行处理，并基于 Phase-OTDR 振动信号的特点，对 BEMD 算法进行一定的针对性改进。之后，同样采用不同的评价指标对光纤振动信号去噪效果进行评估。

3.1　EEMD-FastICA 光纤振动信号去噪方法

3.1.1　基于经验模态分解的信号去噪方法

3.1.1.1　经验模态分解去噪方法

1998 年 Huang[27]根据信号本身的局部时间特性自适应分解特性，提出了经验模态分解方法（EMD），这种方法把非平稳信号进行分解，转化为固有模态函数（Intrinsic Mode Function，IMF）。

经验模态分解法（Empirical Mode Decomposition，EMD）是一种根据信号时间尺度的局部特性来进行信号自适应分解的算法，它是希尔伯特-黄变换（Hilbert-Huang Transform，HHT）的核心步骤，适用于各类非线性非平稳信号的时频处理。EMD 方法可以将原始的分布式光纤信号分解为一系列完备并且近似正交的固有模态函数（Intrinsic Mode Function，IMF）和一个趋势函数的形式，即原始分布式光纤信号可表示成：

$$x(t) = \sum_{i=1}^{n} C_i(t) + r_n(t) \tag{3-1}$$

其中，$x(t)$ 表示原始分布式光纤信号，C_i 表示分解得到的固有模态函数，r_n 表示趋势函数。趋势函数表示原始光纤信号整体波形的变化趋势，各个 IMF 分量表征了一种包含在原始光纤信号中的时变模态，包含着原始光纤信号在不同尺度上的信息，在频域中有着不同的分布。各个 IMF 分量必须满足以下两个条件：

（1）在数据序列上，过零点和极值点在数量上相差应不大于 1。

（2）在任意时刻，由极大值和极小值连接形成的上包络线和下包络线均值应为零[32]。

条件（1）要求分解得到的信号分量满足高斯正态平稳过程中的窄带要求，具有瞬时频率意义。条件（2）要求信号关于时间轴局部对称，在一定程度上能够避免瞬时频率值产生不必要振荡的问题。EMD 方法将原始分布式光纤信号自适应分解为各 IMF 分量和趋势函数的具体过程如下：

（1）确定原始分布式光纤信号 $x(t)$ 的所有局部极大值和局部极小值，通过三次样条插值曲线将各局部极值点连接起来，分别形成上、下包络线

$m_1(t)$ 和 $m_2(t)$。

（2）计算上下包络线的均值 $u_1(t)$：

$$u_1(t) = \left[m_1(t) + m_2(t) \right] / 2 \qquad (3-2)$$

（3）对原始分布式光纤信号 $x(t)$ 进行减均值操作，得到新信号 $y_1(t)$：

$$y_1(t) = x(t) - u_1(t) \qquad (3-3)$$

（4）根据条件（1）和条件（2）判断是否满足要求，若不满足，则重复步骤（1）~步骤（3），当满足要求时便得到了第一个 IMF 分量。其中，判断条件（2）时，采用标准差准则，即[33]：

$$SD = \frac{1}{T} \int_0^T \frac{\left| y_i(t) - y_{i-1}(t) \right|^2}{\left| y_{i-1}(t) \right|^2} \qquad (3-4)$$

通常满足 $0.2 < SD < 0.3$ 时，即算满足条件（2）。

（5）记 $C_1(t) = y_1(t)$，得到余项 $r_1(t)$ 为：

$$r_1(t) = x(t) - C_1(t) \qquad (3-5)$$

（6）将原始分布式光纤信号重复步骤（1）~步骤（5），直到 $r_1(t)$ 为单调函数或者函数幅值小于预设值。至此，便求得原始分布式光纤信号的各个 IMF 分量 $C_1(t)$，$C_2(t)$，…，$C_n(t)$ 和趋势函数 $r_n(t)$。

基于经验模态分解的分布式光纤振动数据信噪分离原理为：首先，采用经验模态分解法对分布式光纤信号进行自适应分解，获得多个不同频率尺度上的 IMF 分量。然后，根据分布式光纤振动信号和噪声信号频域分布上的区别，对各 IMF 分量进行筛选。最后，对筛选后剩余的 IMF 分量进行重构，得到信噪分离后的分布式光纤信号，完成去噪。基于经验模态分解的信噪分离过程如图 3-1 所示。

图 3-1　基于经验模态分解的信噪分离过程

3.1.1.2　经验模态分解去噪方法存在的问题

（1）目前经验模态分解的信号去噪方法已被许多研究人员证明其有效性，若信号序列不完全连续，在此情况下进行 EMD 分解会出现模态混叠现象，此时分解出的 IMF 分量误差很大，影响信号去噪效果。

（2）在分离 IMF 的过程中，EMD 方法使用的插值函数会使信号序列在分解过程中产生端点效应，即给定信号两端的首末点并未同时处于极大值和极小值，使得在后续包络计算时选取的极大值和极小值有差异，该端点效应在后续操作中继续作用，使得分解得到的信号分量难以重构。

3.1.1.3　集合经验模态分解去噪方法

由于模态混叠问题是 EMD 方法的一个影响因素，Huang 在 2011 年提出了一种利用噪声协助分析数据的方法，集合经验模态分解去噪方法（Ensemble Empirical Mode Decomposition，EEMD），是一种常见的 EMD 改进方法[28]。Huang 利用了白噪声在频谱中是均匀分布的特性，在需要进行分解的信号中引入高斯白噪声，在白噪声充当背景的条件下，由于其在所有时频空间中的分布情况相同，会给所有不同的参考尺度自动分配所适合时间尺度的信号，并且因为零均值噪声所具备的特性，在通过数次操作后，噪声会被消除，伴随次数更多的测试，信号去噪后最终的结果可由所得出的稳定信号进行表示。

基于 EEMD 方法的去噪过程如图 3-2 所示。

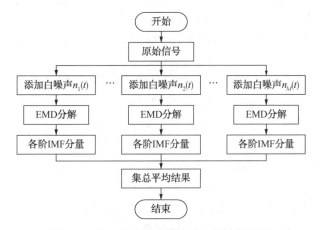

图 3-2　基于集合经验模态分解的去噪过程

3.1.2　基于独立成分分析的信号去噪方法

独立成分分析法（Independent Component Analysis，ICA）又称盲源分离（Blind Source Separation，BSS），该方法能从复杂混合信号中分离出单独的源信号，是一种非高斯信号的分析法，且没有正交的条件限制[29]。利用 ICA 方法，能够有效解决信号的线性混叠问题。如图 3-3 所示，$s(t) = [s_1(t), s_2(t), \cdots, s_n(t)]$是由多源信号组成的 N 维信号，$s_1(t)$，$s_2(t)$，$\cdots$，$s_n(t)$是混合信号中的各个分量，且这些分量都是相互独立的；将分量输入到通过线性混叠系统 $M×N$ 的混合矩阵中 A 后，输出的信号变成了 M 维。

因此，为把 $s(t)$ 中的各个独立分量从 $x(t)$ 中通过数学方法分离出来，需经过一个 $M×N$ 的解混矩阵 W，如图 3-4 所示，使得 $x(t)$ 经过矩阵 W 后，得到 $y(t) = [y_1(t), y_2(t), \cdots, y_n(t)]$。

图 3-3　线性混叠系统　　　　　　　　　图 3-4　解混系统

在独立成分分析方法中，目前应用得较多的算法是快速独立成分分析算法（Fast Independent Component Analysis，FastICA），该算法又称作固定点算法，它按照最大负熵方向进行收缩，能够依次地提取目标源信号，运行时收敛速度不仅非常快而且很稳定[29]。

采用 FastICA 方法对信号进行去噪前，需对信号进行去均值处理，信号去均值处理就是使源信号的均值为 0。对信号进行零均值化的流程如下[36]：

（1）设 x 为均值不为零的随机变量，令 $\bar{x}=x-E(x)$ 代替 x。其中，$E(x)$ 为样本的算术平均。假如 $x(t)=\left[x_1(t)，x_2(t)，\cdots，x_n(t)\right]^T$，$t=1，2，\cdots，N$ 为随机变量 x 的 N 个样本，则用下式去除样本的均值：

$$\bar{x}_i(t)=x_i(t)-\left(\frac{1}{N}\right)\sum_{i=1}^{N}x_i(t) \qquad i=1，2，\cdots，n \qquad (3-6)$$

（2）利用混合信号的相关矩阵的特征值分解，实现对信号进行白化处理。R_{xx} 表示混合信号矢量 x 的协方差矩阵，那么从协方差矩阵所具备的性质能够推导出，R_{xx} 存在。维度为 m 的混合信号 $x(k)$ 进行白化预处理的流程可表达为如式（3-7）。

$$\bar{x}(k)=Qx(k)=QHs(k) \qquad (3-7)$$

在式（3-7）里，$\bar{x}(k)$ 代表了维度为 n 的传感器向量；H 代表混合矩阵；$s(k)$ 代表源信号；Q 代表 $n×m$ 阶的白化矩阵。

（3）混合信号白化处理就是要求出白化矩阵 Q 使得 $R_{xx}=E\left\{\bar{x}\ \bar{x}^T\right\}=I_n$ 成立。白化后 $\bar{x}(k)$ 有单位方差，且各个分量之间相互独立。将其代入协方差公式，得式（3-8）。

$$R_{xx}=E\left\{\bar{x}\ \bar{x}^T\right\}=E\left\{Qxx^TQ^T\right\}=QR_{xx}Q^T=I_n \qquad (3-8)$$

因为协方差矩阵具备的对称且正定的特性在零均值的混合信号 $x(k)$ 上成立，因此对 R_{xx} 进行特征值分解：

$$R_{xx}=V_x\Lambda_x V_X^T \qquad (3-9)$$

其中：$\Lambda_x=diag\{\lambda_1，\lambda_2，\cdots，\lambda_n\}$ 代表对角矩阵，$\lambda_1\geqslant\lambda_2\geqslant\cdots\geqslant\lambda_n>0$ 代表特征值；V_x 代表正交矩阵。此中特征值所一一对应的标准正交特征矢量即正交矩阵 V_x 的列向量。

（4）将算出的白化矩阵表示成式（3-10）。

$$Q=\Lambda_x^{-12}V_x^T=diag\{1/\sqrt{\lambda_1}，1/\sqrt{\lambda_2}，\cdots，1/\sqrt{\lambda_n}\}V_x^T \qquad (3-10)$$

因此，在经过信号进行零均值化，可采用快速独立成分方法对信号去噪，其总体算法迭代过程如下：

（1）将初始信号 $x=[x_1, x_2, \cdots, x_m]^T$ 去均值再白化以后得到白化数据 $z=[z_1, z_2, \cdots, z_m]^T$；$w_p \leftarrow E\{xg(w_p^T x)\}-E\{g'(w_p^T x)\}w_p^T$；

（2）设置数值 n 作为需要进行恢复的独立信号数量，同时设 $p=1$；

（3）选择 w_p 为初始化向量，并且其范数是 1；

（4）迭代计算结果：$w_p \leftarrow E\{xg(w_p^T x)\}-E\{g'(w_p^T x)\}w_p^T$；

（5）正交规范化：$w_p \leftarrow w_p - \sum_{j=i}^{p-1} w_p^T w_j w_j$，$w_p \leftarrow w_p / \|w_p\|$；

（6）若算法并未收敛则返回步骤(4)，继续更新 w_p；

（7）$p \leftarrow p+1$，如果 $p \leqslant n$ 成立，则重新回到步骤(3)；

（8）利用公式 $[y_1, y_2, \cdots, y_n]^T = y = W^T x$ 恢复源信号，其中 $W=[w_1, \cdots, w_n]$。

从上述独立成分分析去噪方法的原理中，可看出该方法存在的部分缺点：

（1）由于独立成分分析法在去噪时，要求输入信号的维数同源信号的数量相同，但在实际信号中的噪声往往是未知的，因此在单独使用该方法进行信号去噪时存在一定局限性。

（2）独立成分分析法在评估信号中各个成分的独立性时，经过独立成分分析出的 $y(t)$ 在经过解混后可能出现幅值的失真，导致分析估计后的独立成分方向和幅值的不确定性。

3.1.3 基于 EEMD-FastICA 的信号去噪方法

由上文可知 EMD 方法在信号去噪过程中会产生模态混叠现象，导致重要信息丢失。EEMD 方法更改信号峰值分布的方式是引入白噪声，对 IMF 分量模态混叠的问题进行改善，但该方法分解得到的前几层固有 IMF 分量中，包括了相当一部分的噪声能量，通常去除了这部分 IMF 分量以用于对信号进行去噪，所以必定会失去局部的有效信息，对后续的信号特征提取造成了损失。FastICA 方法是利用原始信号的独立性和非高斯性通过算法分解成若干独立成分，对多源信号产生混叠的情况可以有效地对噪声信号进行过滤。然而这种方法只是在时域范围内分析分布式光纤的振动信号，使用其进行敲击、攀爬等类别的分布式光纤振动信号的去噪时，会存在部分情况具有局限性。本章为了解决上述去噪方法所存待优化之处，提出一种基于构建虚拟通道方法，EEMD 与 FastICA 相结合的去噪方法，解决两种方法单独使用时出现的问题，并将该方法与小波去噪法、EEMD 去噪法、FastICA 去噪法进行比较，从而验证本书提出方法的有效性。

3.1.3.1 EEMD-FastICA 的信号去噪方法原理

EEMD 和 FastICA 去噪算法结合的主要思路是：将分布式光纤信号由

EEMD 分解后获得一定数量的 IMF 分量。并通过实验选取自适应分解后噪声成分较高的 IMF 分量，对其采用 FastICA 方法进行信噪分离，提取的信号与原分解信号进行叠加，并再次使用 FastICA 方法进行信噪分离，得到最终信号。具体的流程如下：

（1）采用 EEMD 方法去噪，首先将分布式光纤信号 $X(t)$ 添加高斯白噪声，确定白噪声的幅值系数 k 及 EMD 方法的分解次数 N，分解后得到一定数量的 IMF 分量，即：

$$X(t) = \text{IMF}_1 + \text{IMF}_2 + \cdots + \text{IMF}_n + r_n \qquad (3-11)$$

$$e = \frac{k}{\sqrt{N}} \qquad (3-12)$$

式中，IMF_n 为分解后得到的固有模态分量，r_n 为残余分量，e 为分解效果。

由式(3-12)可知，幅值系数 k 越小，分解次数 N 越大时，分解效果 e 越小，则 EEMD 方法分解精度越高。然而当 k 值小到一定程度时，将无法对原有信号的峰值分布产生影响，且分解次数越多则意味着分解时间越长，不利于分布式光纤信号分解的精确性和时效性。实验表明，当幅值系数 k 取输入信号标准差的 0.01~0.5 倍，分解次数 N 取 100 时，进行 EEMD 方法去噪效果最好[37]。

（2）对原始信号以及经过 EEMD 分解得到的不同 IMF 分量进行相关系数的计算，相关系数数值越大，证明该 IMF 含有的噪声含量越小。EEMD 分解时需要设定添加白噪声的幅值系数 R，相关系数计算公式如下：

$$R(S, \text{IMF}_i) = \frac{\sum_{t=1}^{n} [S(t) - \bar{S}] [\text{IMF}_i(t) - \overline{\text{IMF}_i}]}{\sqrt{\sum_{t=1}^{n} [S(t) - \bar{S}]^2} \sqrt{\sum_{t=1}^{n} [\text{IMF}_i(t) - \overline{\text{IMF}_i}]^2}} \qquad (3-13)$$

式中，n 为采样点个数，$\bar{S} = \frac{1}{n} \sum_{t=1}^{n} S(t)$；$\overline{\text{IMF}_i} = \frac{1}{n} \sum_{t=1}^{n} \text{IMF}_i(t)$。

（3）根据表 3-1 中的相关程度可得出 IMF 向量的相关程度，去除残余分量及相关系数相似于残余分量的 IMF，并将还有较多噪声信号，且相关系数小于 0.5 的 IMF 分量设为集合 M_1，$M_1 = [I_1, I_2, \cdots, I_k]$，相关系数大于 0.5 的 IMF 分量设为集合 M_2，$M_2 = \sum_{i=1}^{l} \text{IMF}_i U(t) = \text{FastICA}(M_4)$，$l$ 为分量个数。

表 3-1　相关程度的划分层级

相关程度	相关系数值	相关程度	相关系数值
微相关	0~0.3	显著相关	0.5~0.8
实相关	0.3~0.5	高度相关	0.8~1.0

（4）将集合 $M_1 = [I_1, I_2, \cdots, I_k]$ 通过 FastICA 降噪算法，得到 M_1 中原始信号的有效成分集合 M_3，$M_3 = [Y_1, Y_2, \cdots, Y_k]$ 并将 M_3 与 M_2 叠加后得到集合 M_4，如式（3-14）所示。

$$M_4 = \sum_{i=1}^{l} Y_i + M_2 \tag{3-14}$$

（5）对上述步骤得到的集合 M_4 再次进行 FastICA 去噪，得到最终信号 $U(t)$，如式（3-15）所示。

$$U(t) = \mathrm{FastICA}(M_4) \tag{3-15}$$

上述步骤的流程图如图 3-5 所示。

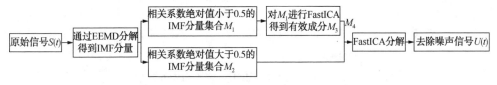

图 3-5　EEMD-FastICA 去噪流程图

3.1.3.2　仿真实验

为验证 EEMD-FastICA 去噪方法的有效性，选取异常事件中某段敲击信号为例设计实验，首先，将敲击信号和敲击信号中的噪声信号进行 EEMD 分解得到各个 IMF 分量，设置 $k = 0.1$ 为分解过程中的幅值系数，$N = 100$ 表示总体平均次数，最终计算出敲击信号中的 IMF 分量，进行 EEMD 分解后的时频图如图 3-6~图 3-8 所示。

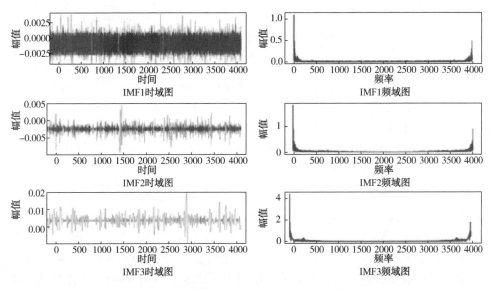

图 3-6　敲击信号的 IMF1、IMF2、IMF3 分量

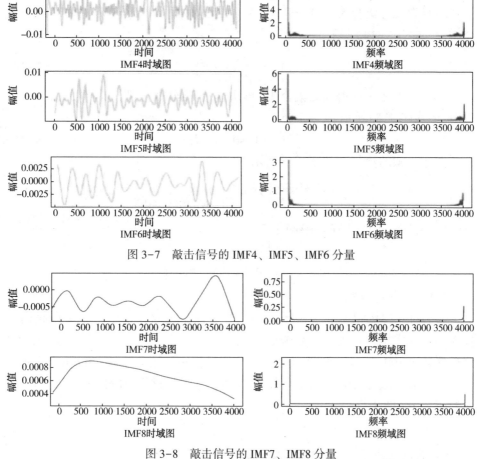

图 3-7　敲击信号的 IMF4、IMF5、IMF6 分量

图 3-8　敲击信号的 IMF7、IMF8 分量

由图 3-6~图 3-8 能够分析得出，8 个 IMF 分量通过 EEMD 分解法从原始振动信号中分解而出，并且不同 IMF 分量在时域维度具有明显不同的特征，比较第一~第五 IMF 分量在时域维度上的图像能够分析出，有一定的周期性存在于各个 IMF 分量的幅度数值变化中，并且各个 IMF 分量在幅值变化上的周期范围逐一增长。在第一~第五个 IMF 分量的时域图里可以观测到 IMF1 分量的幅值变化周期在五个分量中最短，而 IMF5 分量的周期在五个分量中最长。在第六个 IMF 分量之后，伴随分解层数在逐渐增大的过程，分量在时域上幅值变化的趋向同步变大，幅值变化频率渐渐降低。观察频域图可得，各个 IMF 分量的频带范围与其分解层数是一一对应的，而且每个 IMF 分量所对应的幅度值都不一样。除此之外，分解过程中最先得出的 IMF3、IMF4 等分量对应的频带宽度较宽，但是伴随分解层数逐渐增大，各个 IMF 分量所对应的频带宽度同步变小，特别是 IMF7、IMF8 分量所观测到的频带宽度趋近于零。

使用 EEMD 分解对敲击信号中受影响噪声信号进行处理，得出其分解层数是 7，即分解产生了 7 个 IMF 分量，绘制出各自的时频图，如图 3-9、图 3-10 所示。

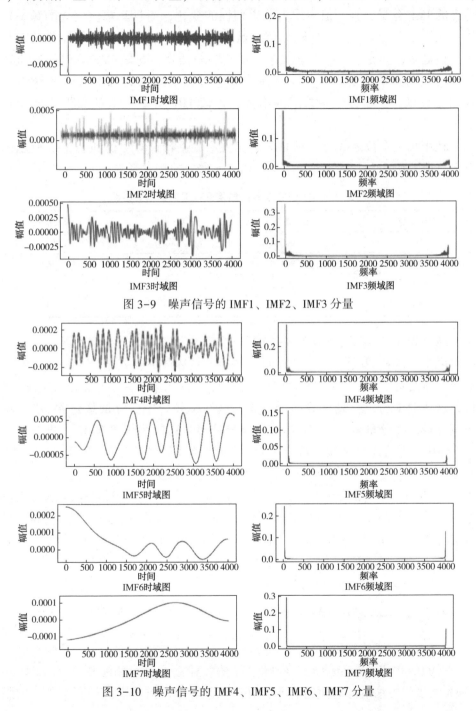

图 3-9　噪声信号的 IMF1、IMF2、IMF3 分量

图 3-10　噪声信号的 IMF4、IMF5、IMF6、IMF7 分量

对图 3-9 与图 3-10 观察可得，对于在时域与频域上的数据分布，噪声信号与敲击信号具有类似的分布规律，观测时域图像，噪声信号最初通过分解得出的 IMF 分量，其幅值表现出了周期性的变化，而且其幅值变化的频率较快，在周期上较短。同时伴随分解层数逐步增大，可以发现幅值变化的趋势越来越显著，变化的频率渐渐放缓。观察频域图像，每段 IMF 分量的幅值及其相对应的频带范围都不一样。在分解进行初期得出的 IMF 分量其频带宽度相对更宽，伴随分解层数渐渐增大，每段 IMF 分量对应的频带宽度同步变小。

利用相关系数函数公式对 IMF 的相关系数进行计算，得到表 3-2 所示的对于每段 IMF 分量以及其原始信号 IMF_0 范围内的相关系数。

表 3-2　IMF 分量及其原始信号范围内的相关系数

IMF 分量	相关系数	IMF 分量	相关系数
IMF_0	1.000	IMF_5	0.521
IMF_1	0.351	IMF_6	0.367
IMF_3	0.592	IMF_7	0.028
IMF_4	0.403	IMF_8	0.031

结合表 3-2 与图 3-6~图 3-10 可以看出，通过 EEMD 分解的敲击信号得到结果中，IMF_7 和原始信号计算而出的相关系数数值与残余分量 IMF_8 接近，信号能量趋近于 0，因此把这两个信号剔除。提出 IMF_7 与残余分量 IMF_8 之后，这些 IMF 分量被划分为两个集合，这两个集合中，分量集合 M_1 中的噪声成分较多，分量集合 M_2 中的信号成分较多。通过重构集合 M_1，再对其进行 FastICA 方法运算去噪，得出集合 M_3 为原始信号的有效成分集合，将 M_3 和原始信号进行相关系数计算，得到相关系数数值为 0.5319，由表 3-2 可以得出集合 M_3 和原始信号相关性显著，故而留用集合 M_3 能够有效地避免信息的流失。再将集合 M_3 和 M_2 通过线性叠加的方式进行处理，使用 FastICA 方法得到最终结果。为验证 EEMD-FastICA 结合去噪算法的有效性，将其与小波去噪、FastICA 去噪、EEMD 去噪方法进行比较，结果如图 3-11 所示。

3.1.4　去噪效果评估

3.1.4.1　评估指标

上面的章节中对经验模态分解去噪法、独立成分分析去噪法和 EEMD-FastICA 去噪方法的原理进行介绍，并选取某段敲击信号进行仿真实验，绘制

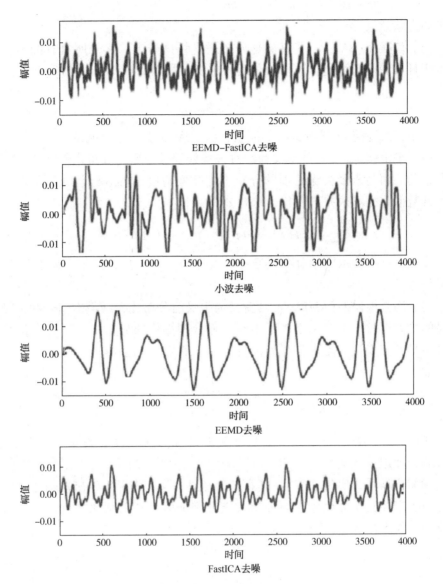

图 3-11　不同方法去噪信号时域图

了本书方法与小波分析、FastICA 方法和 EEMD 方法去噪后敲击信号的时域图，对比了四种方法信噪分离的效果。为进一步验证该算法的适应性，在本小节中，通过计算去噪效果指标来定量描述小波去噪方法、EEMD 去噪方法、FastICA 去噪方法和 EEMD-FastICA 方法各自的信噪分离实现效果，以此对本书提出方法的有效性进行验证。

　　度量信噪分离效果的常用指标包括了信噪比(SNR)、平滑指标(r)、均方误差($RMSE$)和信噪增益比($GSNR$)，运用着一些指标能够表达对原始信号中噪声的去除效果[30]。

(1) 信噪比(SNR): 其意义是分布式光纤信号中, 信号所具有的能量与噪声所具有的能量之比, 单位为分贝, 求解公式如下:

$$SNR = 10 \times \log_{10}\left(\frac{P_S}{P_N}\right) \qquad (3-16)$$

式中, P_S 表示信号所具有的能量, P_N 表示噪声所具有能量。

(2) 平滑指标(r): 其意义为经过去噪处理操作后, 分布式光纤信号进行差分得到的值与未经去噪处理的分布式光纤敲击信号再进行差分后所得值之比, 其数值与去噪效果成反比。求解公式如下:

$$r = \sum_{t=1}^{n-1} \left[\hat{x}(t+1) - \hat{x}(t)\right]^2 / \sum_{t=1}^{n-1} \left[x(t+1) - x(t)\right]^2 \qquad (3-17)$$

式中, $x(t)$ 表示原始分布式光纤敲击信号, $\hat{x}(t)$ 表示去噪后敲击信号, n 表示信号长度。

(3) 均方根误差($RMSE$): 其意义为去噪前分布式光纤敲击信号和去噪后信号的均方误差, 主要用于表示未经去噪处理操作的分布式光纤敲击信号与经过去噪处理操作的敲击信号其间的差别, 其数值与去噪效果成反比。求解公式如下:

$$RMSE = \sqrt{\frac{1}{n} \sum_{t=1}^{n} \left[x(t) - \hat{x}(t)\right]^2} \qquad (3-18)$$

式中, $x(t)$ 表示原始分布式光纤敲击信号, $\hat{x}(t)$ 表示去噪后敲击信号, 信号的长度用 n 代表。

(4) 信噪增益比($GSNR$): 其意义为经过去噪处理操作的敲击信号其信噪比数值和未经去噪处理操作的分布式光纤敲击信号其信噪比之比, 其数值与去噪效果成正比[31]。求解公式为:

$$GSNR = \frac{SNR_1}{SNR_2} \qquad (3-19)$$

其中, SNR_1 代表经过去噪处理操作的敲击信号其信噪比, SNR_2 代表未经去噪处理操作的分布式光纤敲击信号其信噪比。对于本书的实验主要选用 SNR 与 $RMSE$ 两个指标以评估信号去噪的效果。

3.1.4.2 效果对比

对 Phase-OTDR 分布式光纤振动信号分别采用小波去噪、FastICA 去噪、EEMD 去噪方法, 进行了去噪操作处理原始信号, 选用信噪比和均方根误差当作评价指标, 可以绘制出如图 3-12 所示结果。可以看出, EEMD-FastICA 去噪算法的两个指标均优于其他三种算法。

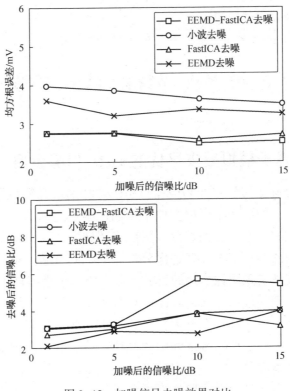

图 3-12　加噪信号去噪效果对比

　　以信噪比和均方根误差作为定量评价指标来评价各方法的去噪效果，评价结果如表 3-3 所示。

表 3-3　不同方法去噪效果对比

方法类型	SNR	RMSE
EEMD–FastICA	23. 461	7. 9501
FastICA	21. 672	9. 1325
小波分解	13. 086	8. 1354
EEMD	22. 743	9. 8634

　　由表 3-3 可知，EEMD-ICA 去噪后的 SNR 数值与另外三种方法相比更大，RMSE 数值与其他方法相比更小。即可得出该方法经过去噪操作处理后所得信号的有效成分和信号中的噪声成分之比数值最大，可推断其所含有的有效成分在集中方法去噪后的信号中最多；同时通过该方法进行去噪操作处理后所得信号和原始信号间的误差最小。故而通过 EEMD-FastICA 对原始信

号进行去噪的方法在这些方法中尽可能地留存了原始信号中所需要的特征信息，优化了信号去噪的效果。

3.2 基于模拟退火寻优的 Ostu 信噪分离方法

3.2.1 基于模拟退火寻优的 Ostu 信噪分离

Ostu 阈值分割法(最大类间方差法)是图像分割研究领域中的一种自适应阈值分割算法，它的原理是根据图像中不同像素点之间灰度上的差异，将图像分为目标区域和背景区域两部分，然后将图像中每一个灰度值作为分割阈值，将灰度分为两类，依次计算每次分类后的类间方差，最后选取使得类间方差最大的阈值来实现图像分割的目的。本书中基于模拟退火寻优的 Ostu 信噪分离方法的原理是根据 Phase-OTDR 分布式光纤数据中振动信号和噪声信号幅值上的差异，将光纤数据分为信号和噪声两部分，以类间方差为优化函数，利用模拟退火算法搜索解空间中的最优阈值，从而实现信号和噪声的分离。基本原理如下[32-34]：

首先，将分布式光纤数据划分为 L 个区间，假设分布式光纤数据总的数据量为 N，则有：

$$N = \sum_{i=1}^{L} n_i \tag{3-20}$$

$$P_i = \frac{n_i}{N} \tag{3-21}$$

其中，n_i 为第 i 个区间的光纤数据量，P_i 为幅值在第 i 个区间的光纤数据出现的概率，L 为分布式光纤数据划分的区间个数。

对任意幅值 A_m，$A_{\min} \leqslant A_m \leqslant A_{\max}$，$A_{\max}$ 为光纤数据的最大幅值，$A_{\min}$ 为光纤数据的最小幅值，选取任意幅值 A_m 为阈值将光纤数据分为两类：X_0 和 X_1，其中，X_0 类数据幅值所处的区间为 $\{1, 2, 3, \cdots, k\}$，X_1 类数据幅值所处的区间为 $\{k+1, k+2, \cdots, L\}$，k 为幅值为 A_m 的光纤数据所处的区间，则对 X_0 类数据来说，X_0 类数据出现的概率 P_0 和 X_0 类数据的平均幅值 μ_0 分别为[34]：

$$P_0 = \sum_{i=1}^{k} P_i, \quad \mu_0 = \frac{\sum_{i=1}^{k} iP_i}{P_0} \tag{3-22}$$

对 X_1 类数据来说，X_1 类数据出现的概率 P_1 和 X_1 类数据的平均幅值 μ_1 分别为：

$$P_1 = 1 - P_0, \quad \mu_1 = \frac{\sum_{i=1}^{L} iP_i - \mu_k}{P_1} \tag{3-23}$$

从而得到两类光纤数据的类间方差 $\Delta^2(k)$ 为：

$$\Delta^2(k) = P_0 \left(\sum_{i=1}^{L} iP_i - \mu_0 \right)^2 - P_1 \left(\sum_{i=1}^{L} iP_i - \mu_1 \right)^2 \tag{3-24}$$

以类间方差 $\Delta^2(k)$ 为优化函数，初始化温度 T，初始解 K_0，由邻域结构产生新解 K_j：

$$K_j = best(K) + r \tag{3-25}$$

其中，K_0 为阈值的初始值，K_j 为第 j 次计算得到的阈值，$best(K)$ 为历史最优解，r 为随机数。

根据优化函数 $\Delta^2(k) = P_0 \left(\sum_{i=1}^{L} iP_i - \mu_0 \right)^2 - P_1 \left(\sum_{i=1}^{L} iP_i - \mu_1 \right)^2$ 计算 $\Delta^2(K_0)$ 和 $\Delta^2(K_j)$，然后采用 Metropolis 算法进行采样，得到状态变化的接受概率 AP：

$$AP = \begin{cases} 1 & \Delta^2(K_0) < \Delta^2(K_j) \\ \exp\left[-\dfrac{\Delta^2(K_0) - \Delta^2(K_j)}{T} \right] & \Delta^2(K_0) \geqslant \Delta^2(K_j) \end{cases} \tag{3-26}$$

其中，$\Delta^2(K_0)$ 为选取阈值为 K_0 时计算得到的类间方差，$\Delta^2(K_j)$ 为选取阈值为 K_j 时计算得到的类间方差。如果 K_j 使得类间方差 $\Delta^2(k)$ 取得最大值，则输出最优解 K_j，否则降低温度 T，重新计算新解，直至获得最优解。将获得的最优解作为信噪分离的最佳阈值，将 Phase-OTDR 分布式光纤数据分为振动信号和噪声信号两类，从而完成分布式光纤数据的信噪分离。基于模拟退火寻优的 Ostu 信噪分离过程如图 3-13 所示。

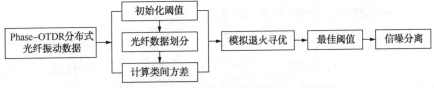

图 3-13　基于模拟退火寻优的 Ostu 信噪分离过程

3.2.2　振动数据信噪分离实验

系统采集得到的光纤数据中掺杂了各种各样的随机噪声，这些噪声不仅会占用一定的存储空间，还会影响后续对光纤信号的分析处理，所以需要抑制噪声来提高信噪比。在本书中，Phase-OTDR 分布式光纤振动数据的信噪分离是对数据进行梯次精简的基础。本节以人工挖掘采集的敲击信号为例，分别采用经验模态分解法和基于模拟退火寻优的 Ostu 方法对其进行信噪分离处理，并对二者的信噪分离效果进行评估与比较。

3.2.2.1　经验模态分解方法

基于经验模态分解的分布式光纤振动数据信噪分离方法先将敲击信号进行自适应分解，得到多个 IMF 分量，然后对各 IMF 分量进行筛选后重构，从而完成去噪。首先，将敲击信号和敲击信号中的噪声信号进行经验模态分解得到各个 IMF 分量，然后对二者的各个 IMF 分量频率分布特点进行对比分析。敲击信号经过经验模态分解后，各个 IMF 分量时频图如图 3-14~图 3-17 所示。

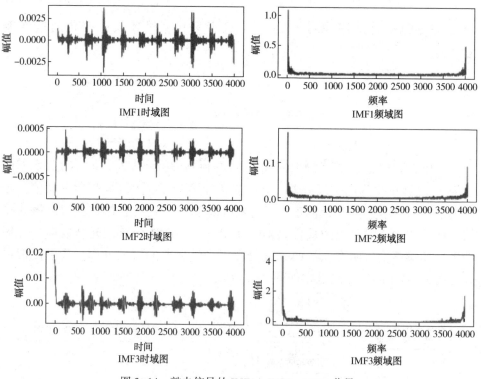

图 3-14　敲击信号的 IMF1、IMF2、IMF3 分量

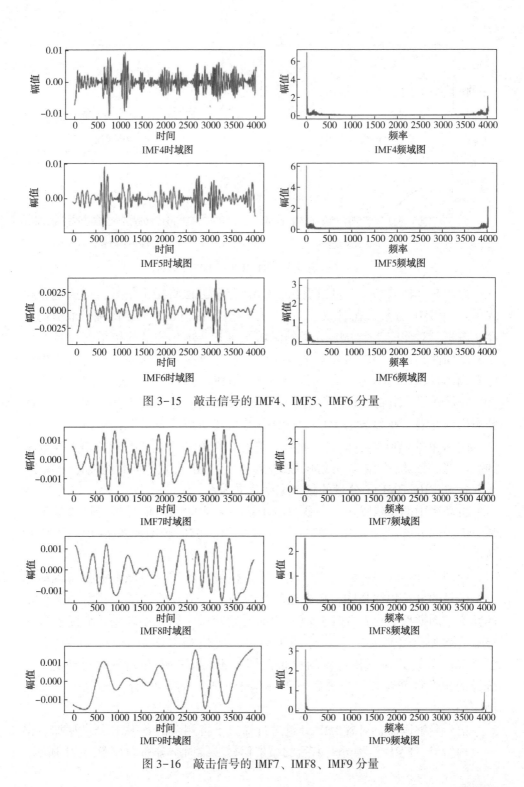

图 3-15 敲击信号的 IMF4、IMF5、IMF6 分量

图 3-16 敲击信号的 IMF7、IMF8、IMF9 分量

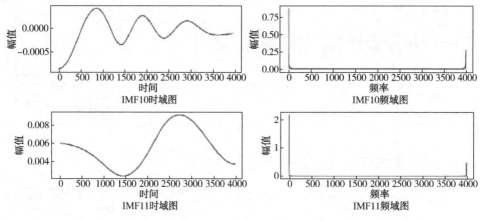

图 3-17　敲击信号的 IMF10、IMF11 分量

由图 3-14~图 3-17 可以看出，EMD 分解方法将敲击信号自适应地分解成了 11 个 IMF 分量，在时域上，分解后的信号各个 IMF 分量的幅值取值情况存在差别，对比前 7 个 IMF 分量的时域图可知，IMF 分量的幅值变化具有一定的周期性，且各 IMF 分量幅值变化的周期逐渐变长。从前 7 个时域图中可以看出 IMF1 分量幅值变化的周期最短，IMF7 分量的周期最长。从第 8 个 IMF 分量开始，随着分解层数的增加，幅值变化的趋势被逐渐放大，变化的频率逐渐变慢。在频域上，每一个 IMF 分量均对应一定的频带范围，并且各个 IMF 分量的幅值均不相同。此外，最开始分解得到的 IMF3、IMF4 等分量的频带宽度较宽，而随着分解层数的增加，各 IMF 分量的频带宽度逐渐减小，尤其是 IMF10、IMF11 分量的频带宽度几乎为零。

将环境中的背景噪声、设备自身干扰所采集的噪声信号进行经验模态分解，得到的分解层数为 10，即 10 个 IMF 分量，其时频图如图 3-18~图 3-20 所示。

由图 3-18~图 3-20 可以看出，噪声信号在频域和时域上的分布规律和敲击信号的分布规律相同，噪声信号在时域上，最开始分解得到的 IMF 分量的幅值呈周期性变化，并且幅值变化的周期较短，即频率较快。而随着分解层数的增加，幅值的变化趋势趋于明显，变化频率逐渐变慢。在频域上，各个 IMF 分量的幅值和对应的频带范围各不相同。最开始分解得到的 IMF 分量的频带宽度较宽，当分解层数逐渐增加时，各 IMF 分量的频带宽度逐渐减小。

信号分解以后，对各 IMF 分量进行筛选，将剩余的各 IMF 分量相加后得到重构信号，EMD 信噪分离前后的敲击信号二维时空分布图如图 3-21 所示。

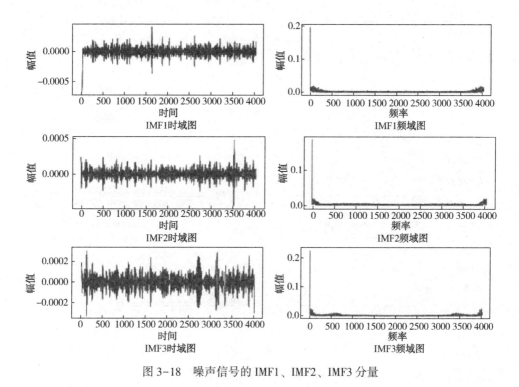

图 3-18　噪声信号的 IMF1、IMF2、IMF3 分量

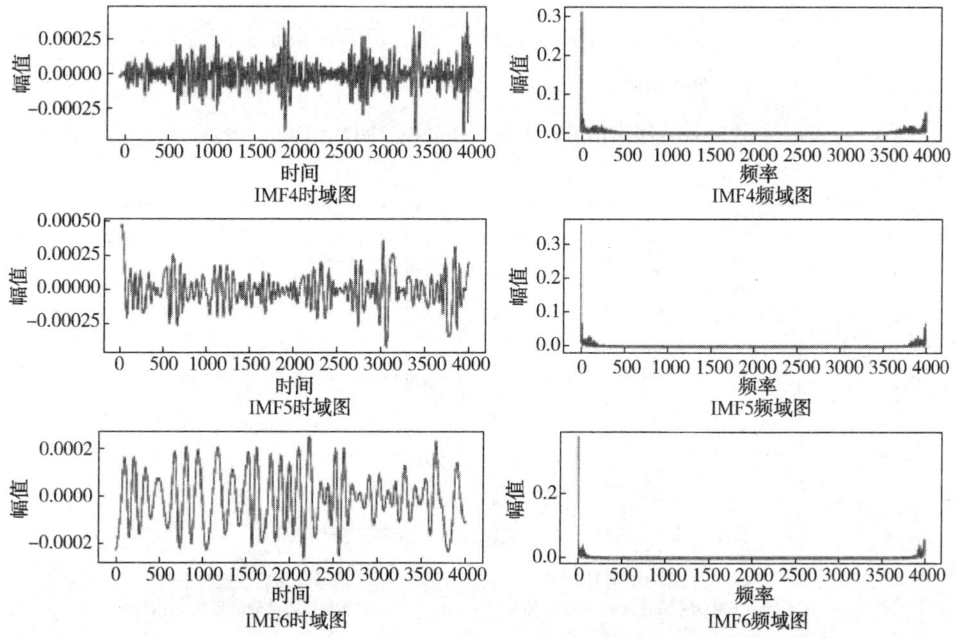

图 3-19　噪声信号的 IMF4、IMF5、IMF6 分量

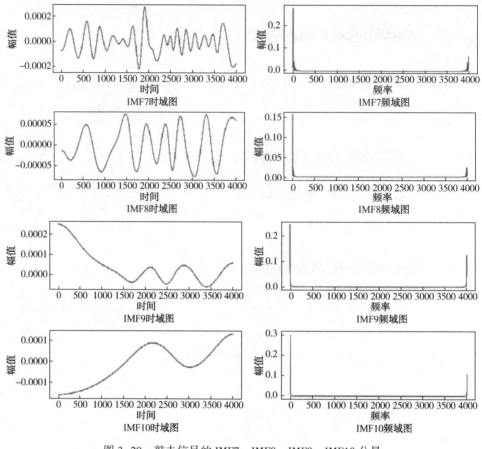

图 3-20　敲击信号的 IMF7、IMF8、IMF9、IMF10 分量

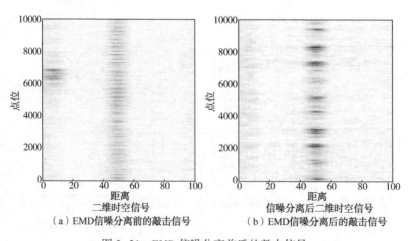

（a）EMD 信噪分离前的敲击信号　　　（b）EMD 信噪分离后的敲击信号

图 3-21　EMD 信噪分离前后的敲击信号

从图 3-21(a)可以看出，EMD 信噪分离前的敲击信号大致分布在 4～6m 处，此外，在 6000～8000 点位处出现短暂的敲击信号。而在图 3-21(b)中，敲击信号经过 EMD 分离后，振动信号中不仅还掺杂着噪声信号，没有将振动信号和噪声信号很好地分离，还丢失了 6000～8000 点位处的敲击信号，这说明 EMD 去噪方法虽然对一维时间信号去噪的应用比较成熟，去噪效果较好，但是对二维时空信号的去噪处理中，由于没有考虑空间轴上信号的分布特性，去噪效果要差一些。

3.2.2.2　基于模拟退火寻优的 Ostu 方法

为了较好地分离 Phase-OTDR 分布式光纤振动数据中振动信号和噪声信号，需要对二者在时空上的二维分布特点进行分析，找出它们之间的差异。首先通过可视化的方式描述敲击信号在时间和空间维度上的振幅分布情况，敲击信号的二维时空分布图如图 3-22 所示，从图中可以看到在 4～5m 处，信号的幅值明显高于其他位置，说明在该处存在敲击信号并持续了较长的时间。同时，在 6000～8000 点位处出现短暂的敲击信号。其次，对敲击信号进行时间和空间维度的一维时域分析。从图 3-22 中可以看出，在 4～5m 中间存在振动信号，而其他位置采集的信号大多为噪声信号，所以选取 5m 和 8m 处的信号绘制时间轴上的幅值分布，选取 4000 点位处的信号绘制空间轴上的幅值分布，结果如图 3-23 所示。

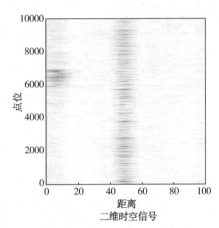

图 3-22　敲击信号的二维时空分布图

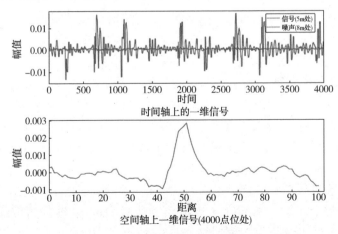

图 3-23　敲击信号分别在时间和空间维度上的分布

从图 3-23 中可以看出，在时间维度上，振动信号和噪声信号的幅值之间存在明显的差异，噪声信号的幅值要远远低于振动信号的幅值。在空间维度上，在 4~6m 之间的振动信号幅值也要比其他位置上的噪声信号幅值大一些。这说明在时间轴和空间轴上，振动信号和噪声信号的幅值均存在较大的差异。参考同样具有二维结构的图像中，利用目标和背景灰度上的差异设置阈值实现目标和背景分离的思路，本书利用振动信号和噪声信号幅值上的差异，采用 Ostu 方法实现 Phase-OTDR 分布式光纤振动数据的信噪分离。

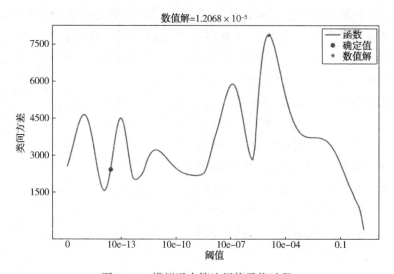

图 3-24　模拟退火算法阈值寻优过程

在 Ostu 方法中，需要选取合适的阈值来区分振动信号和噪声信号，它的选取依据是光纤数据中振动信号和噪声信号平均幅值的最大方差。Ostu 方法一般通过穷举算法来确定阈值，每确定一次阈值，需要计算一次类间方差，算法运算量大，效率比较低。因此，本书引入模拟退火寻优算法来代替 Ostu 阈值选取的穷举算法，通过迭代求解策略搜索分离的最佳阈值，减少类间方差的运算次数，提高算法效率。利用模拟退火算法选取最优阈值的过程如图 3-24 所示。

在图 3-24 中，横坐标范围为振动数据的幅值变化范围，纵坐标为类间方差，通过在幅值变化区间里随机选取一个数值作为初始值，不断迭代计算，得到最优阈值为 $1.2068×10^{-5}$，将该值作为振动信号和噪声信号的分离依据，通过 Ostu 方法进行信噪分离后的二维时空信号分布图如图 3-25 所示。

将图 3-25 和图 3-22 对比可以看出，经过 Ostu 信噪分离后的二维时空信号的噪声信号明显减少，同时在 4~6m 处以及 6000 点位处的振动信号得

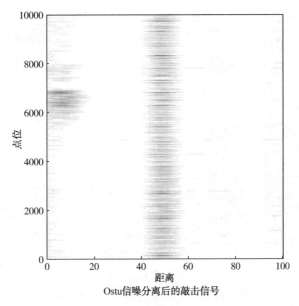

图 3-25　Ostu 信噪分离后的敲击信号二维时空分布图

到了很好的保留，去噪效果较好。同时，对比经过 Ostu 信噪分离后的敲击信号(图 3-25)和经过 EMD 信噪分离后的敲击信号[图 3-21(b)]的二维分布图可以看出，和 EMD 信噪分离方法相比，Ostu 信噪分离方法的去噪效果要更好一些，Ostu 方法抑制噪声和保留振动信号的效果明显好于 EMD 方法。

3.2.3　信噪分离效果评估

同上一小节利用到的信号评价指标相似，本节针对信噪分离效果进行评估同样利用信噪比、平滑指标、均方根误差与信噪比增益指标。本节利用经验模态分解算法与基于模拟退火的 otsu 信噪分离方法，对不同类别的光纤振动信号进行分解。在经验模态分解方法中，首先对分布式光纤数据进行了自适应分解，对获得的 IMF 分量进行了时域和频域分布特性分析，经过 IMF 分量叠加的方式进行了信号重构，达到了信噪分离的目的。在基于模拟退火寻优的 Ostu 信噪分离方法中，利用振动信号和噪声信号幅值上的差异以类间方差为优化函数，实现了信号和噪声的分离。将经过两种方法去噪后的敲击信号二维分布图与原始敲击信号的二维分布图对比可以看出，本书方法去噪效果更加显著。为了能以定量的方式对去噪效果进行评估，本书分别对敲击信号、泄漏信号和碾压信号三种类型的振动信号进行了两组去噪实验，绘制得到了两种方法的信噪比对比图，如图 3-26 所示。

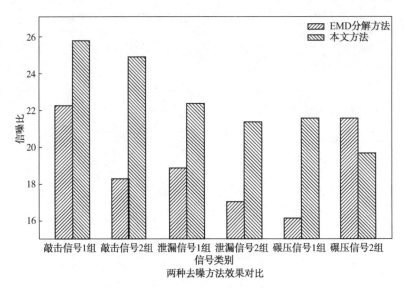

图 3-26 Ostu 和 EMD 信噪分离效果指标对比图

从图 3-26 中可以看出，EMD 方法去噪后敲击信号的信噪比最高在 22 左右，泄漏信号的信噪比最高在 19 左右，碾压信号的信噪比最高在 23 左右，而本书方法去噪后，敲击信号的信噪比最高在 26 左右，泄漏信号的信噪比最高在 23 左右，碾压信号的信噪比最高在 23 左右。和 EMD 方法相比，经过本书方法去噪后信号的信噪比最高提升了 21%，可见，本书信噪分离方法对噪声的抑制效果明显强于 EMD 方法，该结论与经过两种方法去噪后的敲击信号二维分布图对比的分析结果相一致。

3.3 基于 BEMD 的 Phase-OTDR 信号去噪

3.3.1 基于 BEMD 的 Phase-OTDR 信号去噪原理

前两小节研究了两种不同的分布式光纤传感振动信号的去噪方法，可知，光纤传感振动信号是典型的二维信号，和一维信号不同的是，该信号同时具有时间轴和长度轴。一些学者基于经验模态分解算法提出了针对二维信号的二维经验模态分解算法（Bidimensional Empirical Mode Decomposition，BEMD）。BEMD 算法目前主要应用于图像处理技术，相比一维的经验模态分解算法，BEMD 更注重保留图像的视觉特征，因此一般会更加注意处理边界连续性的问题。本书所分析的 Phase-OTDR 振动信号更类似于一种二维信号，而并非一般情况下的一维信号，包含了空间分布信息，是类似于图像信号又不与图像信号完全相同的二维信号，因为其作为振动信号在时间轴上的关联更为紧密。因此本书在滤波去噪中将 Phase-OTDR 振动信号视为一种二维信号进行处理，并基于 Phase-OTDR 振动信号的特点，对 BEMD 算法进行一定的针对性改进。

本书基于 BEMD 算法的去噪步骤基本可概括为以下几步：（1）构建二维信号数据包络面并在空间轴上按照一定规则对包络面进行区间限定；（2）将原始信号与均值包络面相减；（3）进行内涵模态分量判断，并保留符合条件的分量；（4）按一定规则筛选分量后进行信号重构，获得去噪信号。本书所使用的 BEMD 算法去噪基本流程图可如图 3-27 所示。

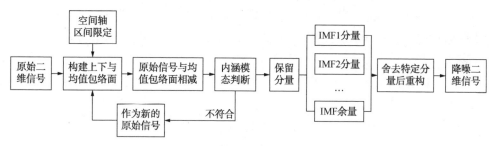

图 3-27　本书 BEMD 去噪算法基本流程图

首先，一般的二维经验模态分解过程可以用以下 5 个步骤表示[35]：

对数据 $O(x, y)$ 进行矩阵化处理，得到二维数据 $O_{i,j}(x, y)$。其中 i 为所求得的 IMF 分量的层数，j 为当前所求的 IMF 分量的迭代次数，i 与 j 的最小值为 1。

步骤（1）：求得 $O_{i,j}(x, y)$ 中的极大值点与极小值点。

步骤（2）：利用二维插值算法分别拟合数据的极大值点与极小值点，构造出上下包络面并计算均值包络面。

步骤（3）：通过当前的 IMF 分量即 $O_{i,j}(x, y)$ 减去上一步骤中获得的均值包络面，获得 $O_{i,j+1}(x, y)$。

步骤（4）：若 $O_{i,j+1}(x, y)$ 满足生成 IMF 的终止条件，则判断 $O_{i,j+1}(x, y)$ 为第 i 个 IMF，即 IMF_i；若不符合终止条件，则进行步骤（4），直到满足终止条件为止。

步骤（5）：令 $i=i+1$，$O_{i,j}(x, y) = O_{i-1,j}(x, y) - \text{IMF}_{i-1}(x, y)$，再重复步骤（1）~步骤（5），直到残余项 IMF 没有极值点，BEMD 分解过程结束。最终 $O(x, y)$ 被分解成了 $\text{IMF}_i(x, y)$，$i=1, 2, \cdots, n$，以及残差 $R_n(x, y)$，如

式(3-27)所示:

$$O(x, y) = \sum_{i=1}^{n} \text{IMF}_i(x, y) + R_n(x, y) \qquad (3-27)$$

Phase-OTDR 信号作为一种二维的信号，其空间与时间两个维度上的关联性是不一致的，一般 BEMD 方法的去噪效果还可进一步提升。因此本书对步骤(3)的过程进行了改进，通过以采集数据的空间分辨率为最小区间进包络面构造，同时对边界效应[36]进行抑制处理，以此达到区分时间轴与空间轴的目的并提高去噪效果。

步骤(3)的改进过程为:

设 x 为解析数据的空间轴，$0 \leqslant x \leqslant L$，$y$ 为解析数据的时间轴，$0 \leqslant y \leqslant T$。且区间 $x_i \in [a_i, a_i+S)$，$y_i \in [0, T]$ 将数据划分成多个二维子区间。以 $p=(x, y)$ 表示二维空间中的一点。其中 $a_i \in [0, L]$，S 为 Phase-OTDR 信号数据的空间分辨率，L 为单组数据的空间长度，T 为单组数据的采样时间。

取径向基函数 $\varphi(r)=r$ 在每个子区间进行插值，则对于每个二维子区间，有二维空间数据极值点的点集 $P=\{p_j\}^N \subset R^2$ 以及其对应的函数值集合 $F=\{f_j\}^N \subset R$，求插值函数映射 $s: R^2 \to R$ 使得下式成立:

$$s(p_j) = f_j, \quad j = 1, 2, \cdots, N \qquad (3-28)$$

为了得到平滑的子包络面，利用以下公式对插值曲面进行约束使曲面能量 E 最小:

$$E = \int_{R^2} f_{xx}^2(p) + f_{xy}^2(p) f_{yy}^2(p) \qquad (3-29)$$

在式(3-29)的约束下，用变分法[31]求解式(3-28)，得到如下公式:

$$s(p) = l(p) + \sum_{j=1}^{N} \lambda_j \phi(\| p-p_j \|) \qquad (3-30)$$

其中 l 为低次多项式，λ_j 为组合系数，$\| \cdot \|$ 为欧几里得范数。加上正交条件后对式(3-30)求解出子包络面插值结果，完成各个子包络面的构建。

再基于三次样条函数[32]对各个子包络面交界处以空间轴方向进行边界平滑处理:在 $y_i \in [0, T]$ 间内，设 t 为子区间 $[x_i+0.5S, x_{i+1}-0.5S)$ 内的一组节点:$t_1 < t_2 < t_3 < \cdots < t_n$，以及一组其对应的函数值:$y_1, y_2, y_3, \cdots, y_n$。设函数 $P_i(x)$ 为子区间 $[x_i+0.5S, x_{i+1}-0.5S]$ 上的一个三次多项式，如式(3-31)所示。

$$P_i(t) = a_i + b_i(t-t_i) + c_i(t-t_i)^2 + d_i(t-t_i)^3, \quad i = 1, 2, \cdots, n-1 \quad (3-31)$$

在子包络面的连接处，空间轴方向的函数值、一阶导数以及二阶导数分别相等，以实现相邻子包络面的平滑过渡。

$$\begin{cases} P_i(t_{i+1}) = P_{i+1}(t_{i+1}), \ i=1, 2, \cdots, n-1 \\ P'_i(t_{i+1}) = P'_{i+1}(t_{i+1}), \ i=1, 2, \cdots, n-1 \\ P''_i(t_{i+1}) = P''_{i+1}(t_{i+1}), \ i=1, 2, \cdots, n-1 \end{cases} \tag{3-32}$$

通过以上过程可实现以时间轴关联为主导的包络面构建，然后可按一般 BEMD 分解步骤[37]完成 Phase-OTDR 信号的分解。而基于 BEMD 去噪的方法中，第一个固有模态函数 $IMF_1(x, y)$ 常视为噪声信号，可以直接去除，其他分量则通过软阈值法[34]来进行去噪处理，如式(3-33)所示。

$$\widetilde{I}MF_i(x, y) = \begin{cases} IMF_i(x, y) \dfrac{\max(|IMF_i(x, y)|) - T_i}{\max(|IMF_i(x, y)|)}, \ \max(|IMF_i(x, y)|) > T_i \\ 0, \ \max(|IMF_i(x, y)|) \leqslant T_i \end{cases}$$

$$\tag{3-33}$$

式中，$T_i = C\sqrt{2E_i \ln(L)}$，$C$ 为常数，E_i 为第 i 阶 IMF 的能量。由此可得去噪信号如式(3-34)所示：

$$\widetilde{O}(x, y) = \sum_{i=2}^{n} \widetilde{I}MF_i(x, y) + R_n(x, y) \tag{3-34}$$

上述针对 Phase-OTDR 信号进行改进的 BEMD 去噪方法，在包络面构建部分考虑了时间维度与空间维度关联度不一致的问题，从而使 BEMD 去噪在此场景下得以更好地应用。

3.3.2　去噪效果

为了验证本书针对 Phase-OTDR 信号改进的 BEMD 算法的有效性，对 Phase-OTDR 信号进行去噪对比实验。构造了信号数据共 100 组，空间分辨率为 1m，测量长度 1km，每组采样片段的存储条数为 512。并为原始信号添加了高斯白噪声，使添加噪声后的信噪比保持在 12dB。去噪效果如图 3-28 所示。

图 3-28(a)为原始数据，图 3-28(b)为加入噪声后的数据，图 3-28(c)为一般 BEMD 去噪方法的结果，图 3-28(d)为本书改进后的去噪方法的结果。可以观察到，图 3-28(c)中还是可以隐约看见一些噪点，本书改进方法的去噪效果相对于一般方法更加贴近于原始数据。

为了可以更为准确地验证本书方法的去噪效果，本书采用了三个定量指标：信噪比 SNR、均方误差 MSE 以及相关系数 R 来判断。

（1）信噪比 SNR

信噪比为原始信号本身功率与噪声信号功率的比值，数值越大表明有效

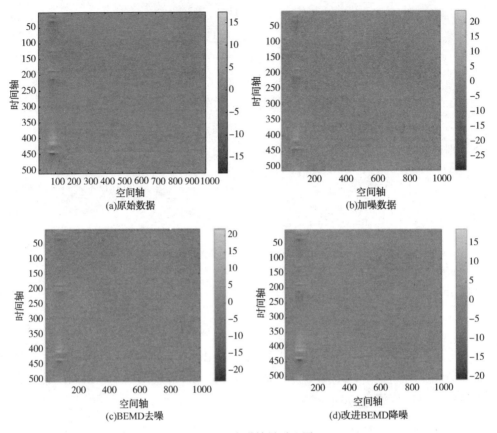

图 3-28　去噪效果对比图

信号的能量相比噪声越大，信号越贴近原本的信号。一般用分贝为单位表示，其计算公式如式（3-35）所示，其中的 P_s、P_n 和 A_s、A_n，分别表示原始信号与噪声信号的功率与幅值。

$$SNR = 10\log_{10}\left(\frac{P_s}{P_n}\right) = 20\log_{10}\left(\frac{A_s}{A_n}\right) \tag{3-35}$$

（2）均方误差 MSE

均方误差为原始信号与去噪后的信号各点差值平方之和求均值，体现了去噪后的信号与原始信号的差异，越小的均方误差表明去噪后的信号更贴近于原始信号，其去噪效果越优异。均方误差的计算公式可由式（3-36）所示。

$$MSE = \frac{1}{N}\sum_{n=1}^{N}\left[f_o(n) - f_d(n)\right]^2 \tag{3-36}$$

（3）相关系数 R

相关系数为原始信号与去噪后的信号的相关系数，体现了原始信号的相似性，数值越接近 1 意味着去噪信号越接近于原始信号，其去噪效果越优异。相关系数的计算公式可由式(3-37)所示。其中，$\bar{f_o}$ 与 $\bar{f_d}$ 分别表示原始信号与去噪后信号的均值。

$$R=\frac{\sum\limits_{n=1}^{N}\left[f_o(n)-\bar{f_o}\right]\cdot\left[f_d(n)-\bar{f_d}\right]}{\sqrt{\sum\limits_{n=1}^{N}\left[f_o(n)-\bar{f_o}\right]^2\sum\limits_{n=1}^{N}\left[f_d(n)-\bar{f_d}\right]^2}} \qquad (3-37)$$

本书在计算上述指标时，采用空间轴上每点单独计算后求均值的方式。两类方法的去噪效果的三个指标的对比如表 3-4 所示。

表 3-4　定量指标对比

项目	SNR	MSE	R
普通 BEMD 去噪	10.262	0.514	0.9729
改进 BEMD 去噪	13.031	0.232	0.9803

从表 3-4 可知，对于 Phase-OTDR 信号而言，改进的 BEMD 去噪方法得到了更高的 SNR 与 R，以及更低的 MSE，表明该改进的去噪方法是有效的。

3.4　本章小结

本章介绍了 Phase-OTDR 分布式光纤信号的去噪方法，首先引出基于构建虚拟通道的 EEMD-FastICA 去噪方法，之后引入基于模拟退火的 otsu 的信号去噪方法，最后，研究了改进的 BEMD 信噪分离方法。并针对不同的方法，进行去噪对比实验，利用信噪比、平滑度指标、均方误差等评估参数对不同方法的去噪效果进行评价，充分验证了本章研究算法去噪效果的有效性。

4 Phase-OTDR振动信号的特征提取与编码存储

随着 Phase-OTDR 技术的发展，它的分布式优点逐渐突出，分布式优点表现为：监测的距离越来越长，监测的空间分辨率越来越小，监测的准确度越来越高，监测时间越来越长。但与此同时会带来监测数据量膨胀的问题，数据量膨胀不仅会导致存储空间不够，还会严重影响数据分析处理的效率，因此对分布式光纤振动信号进行特征提取是有必要的。本章提出了两种不同的方法对 Phase-OTDR 振动信号进行特征提取，一种方法结合 Shearlet 分解原理，采用基于改进 Shearlet 稀疏性表示的二维时空数据压缩方法对信号进行压缩，并利用信号数据频谱分析验证信号特征的保留程度。另一种方法对信号的时频域特征和自相关性特征组成新的特征向量，利用随机森林分类模型验证新特征的有效性。

4.1 分布式光纤振动数据时空特征提取

4.1.1 基于二维小波变换的时空特征提取原理

本小节利用分布式光纤信号的二维时空分布特性，结合 Shearlet 分解原理，确定采用基于改进 Shearlet 稀疏性表示的二维时空数据特征提取方法对信号进行特征提取。同时，分析了二维小波变换和剪切波变换的基本原理，对振动信号采用二维小波变换和本书压缩方法进行了特征提取处理，然后采用可视化展示和评估指标比较的方式对时空特征提取效果进行了评估，完成了本书时空特征提取方法有效性的验证。

4.1.1.1 小波变换中常用的小波函数

小波分析是进行信号分析与处理的常用方法，小波变换不同于傅里叶变换，小波变换用到的小波函数并不唯一，所以对于同一问题，选取不同的小波函数经常会得到不同的结果。因此，在实际工程应用中进行小波分析时，小波函数的选择是整个问题的关键。目前，常用的小波函数有 Haar 小波、Morlet（morl）小波、Daubechies（dbN）小波、Meyer 小波、MexicanHat（mexh）小波等[38]，各个小波函数的简单介绍如下：

（1）Haar 小波

Haar 函数是最具紧支撑的小波函数，它是一个分布在[0，1]范围内的单个矩形波。Haar 小波是典型的离散正交小波，在时域上是不连续的，但是计算简单，它的时域图如图 4-1 所示。它的母小波函数定义见式（4-1）。

$$\varphi_{\mathrm{H}}(t)=\begin{cases} 1 & 0\leq t<\dfrac{1}{2} \\ -1 & \dfrac{1}{2}\leq t<1 \\ 0 & \text{其他} \end{cases} \tag{4-1}$$

（2）Morlet（morl）小波

morl 小波是高斯包络下的单频率副正弦函数，它不存在尺度函数，也不具有正交性。它的时域图如图 4-2 所示。常用的复值 morl 小波定义为：

$$\varphi=\pi^{\frac{1}{4}}(\mathrm{e}^{-\omega_0 t}-\mathrm{e}^{-\omega_0^2/2})\mathrm{e}^{-t^2/2} \tag{4-2}$$

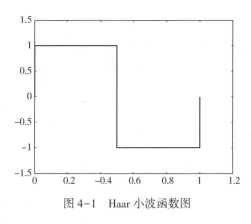

图 4-1　Haar 小波函数图

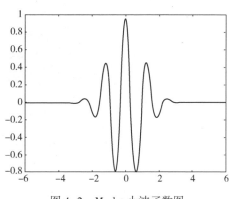

图 4-2　Morlet 小波函数图

（3）Daubechies（dbN）小波

该小波具有很好的紧支撑正交性以及正交分解性。可以简写为 dbN，N 是小波的阶数。当 $N=1$ 即为 Haar 小波时，dbN 具有对称性，除此之外，dbN 不具有对称性，并且没有明确的表达式，它的时域图如图 4-3 所示。

令 $p(y)=\displaystyle\sum_{k=0}^{N-1} C_k^{N-1+k} y^k$，其中 C_k^{N-1+k} 为二项式的系数，则有：

$$|m_0(\omega)|^2 = \left(\cos^2 \frac{\omega}{2}\right) p\left(\sin^2 \frac{\omega}{2}\right) \tag{4-3}$$

$$m_0(\omega) = \frac{1}{\sqrt{2}} \sum_{k=0}^{2N-1} h_k e^{-jk\omega}$$

式中，ω 表示频率。

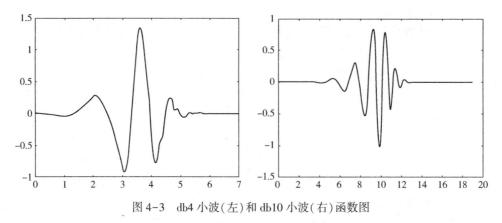

图 4-3　db4 小波（左）和 db10 小波（右）函数图

（4）Meyer 小波

Meyer 小波不是紧支撑的，但收敛速度很快，它的时域图如图 4-4 所示。函数定义为：

$$
\begin{cases}
(2\pi)^{-1/2} e^{j\omega/2} \sin\left[\dfrac{\pi}{2} v\left(\dfrac{3}{2\pi}|\bar{\omega}-1|\right)\right] & \dfrac{2\pi}{3} \leqslant |\omega| < \dfrac{4\pi}{3} \\[3mm]
(2\pi)^{-1/2} e^{j\omega/2} \cos\left[\dfrac{\pi}{2} v\left(\dfrac{3}{2\pi}|\bar{\omega}-1|\right)\right] & \dfrac{4\pi}{3} \leqslant |\omega| \leqslant \dfrac{8\pi}{3} \\[3mm]
0 & |\bar{\omega}| \notin \left[\dfrac{2\pi}{3}, \dfrac{8\pi}{3}\right]
\end{cases} \tag{4-4}
$$

其中，ω 表示频率，v 为构造 Meyer 小波的辅助函数，且有：

$$
\hat{\varphi}(\omega) =
\begin{cases}
(2\pi)^{-1/2} & |\omega| < \dfrac{2\pi}{3} \\[3mm]
(2\pi)^{-1/2} \cos\left[\dfrac{\pi}{2} v\left(\dfrac{3}{2\pi}|\bar{\omega}-1|\right)\right] & \dfrac{2\pi}{3} \leqslant \bar{\omega} \leqslant \dfrac{4\pi}{3} \\[3mm]
0 & |\omega| > \dfrac{4\pi}{3}
\end{cases} \tag{4-5}
$$

（5）MexicanHat（mexh）小波

MexicanHat 小波函数也叫墨西哥草帽函数，它是高斯函数的二阶导数，不具备正交性，在时域和频域都有很好的局部化。它的时域图如图 4-5 所示，函数定义为：

$$\varphi(t) = \frac{2}{\sqrt{3}}\pi^{-1/4}(1-t^2)e^{-t^2/2} \tag{4-6}$$

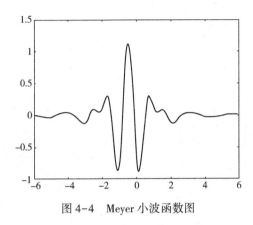
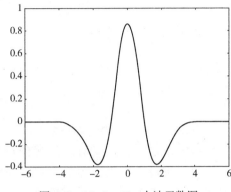

图4-4　Meyer 小波函数图　　　　图4-5　MexicanHat 小波函数图

4.1.1.2　二维小波变换基本原理

小波分析是信号时频分析方法中的一种，主要是通过伸缩和平移变换对信号进行多尺度分解，得到高频小波系数和低频小波系数，然后分别用这些系数来表示原始信号的高频细节和低频逼近细节。根据实际生活中的一维、二维结构和离散、连续状态，小波变换可以分为一维离散小波变换、一维连续小波变换、二维离散小波变换和二维连续小波变换。一维小波变换主要应用于语音处理和信号降噪等领域，而二维小波变换主要应用于图像处理领域。对于本书中 Phase-OTDR 分布式光纤振动信号，根据其二维时空结构特性，也可用二维小波变换对其进行小波分解。分解的具体过程为：首先，对 Phase-OTDR 分布式光纤振动信号按行进行一维离散小波变换，获得分布式光纤信号在水平方向上的低频分量 L 和高频分量 H，然后，再对低频分量和高频分量按列分别进行一维离散小波变换，获得其在水平和垂直方向上的低频分量 LL，水平上的低频和垂直方向上的高频分量 LH，水平上的高频和垂直方向上的低频分量 HL 以及水平和垂直方向上的高频分量 HH[39]。二维小波变换的基本原理如下[40,41]：

对于二维函数族，小波函数可以表示为：

$$\phi_{j,k}(t) = 2^{\frac{j}{2}}\phi(2^j t - k) \tag{4-7}$$

小波系数可以表示为：

$$W_{j,k}(t) = \int_{-\infty}^{\infty} f(t)\overline{\varphi}_{j,k}(t)\,\mathrm{d}t \tag{4-8}$$

式中，$f(t)$ 为分布式光纤二维振动信号，$\varphi_{j,k}(t)$ 为尺度函数，尺度函数 $\overline{\varphi_{j,k}}(t)$ 张成了 V 空间，小波函数 $\phi_{j,k}(t)$ 张成不同 V 空间的差空间 W。

分布式光纤二维振动信号 $f(t)$ 在小波分解下可以表示为：

$$f(t)=\sum_k c_{j,k}\varphi_{j,k}(t)+\sum_j\sum_k d_{j,k}\phi_{j,k}(t) \tag{4-9}$$

式中，$c_{j,k}$ 为尺度系数，$d_{j,k}$ 为小波系数，二者值的计算公式如下：

$$c_{j,k}=<f(t)，\varphi_{j,k}(t)>=\int f(t)\varphi_{j,k}(t)\,\mathrm{d}t \tag{4-10}$$

$$d_{j,k}=<f(t)，\phi_{j,k}(t)>=\int f(t)\varphi_{j,k}(t)\,\mathrm{d}t \tag{4-11}$$

对于 Phase-OTDR 分布式光纤振动信号的重构，可以将其看作是二维小波分解的逆过程，首先对各分解分量按列进行一维离散小波逆变换，再对所得的结果按行进行一维离散小波逆变换[39]。具体的小波分解和重构过程示意图如图 4-6 所示。

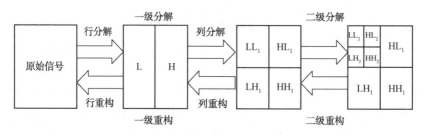

图 4-6　二维小波分解和重构示意图

基于二维小波变换的时空压缩过程就是通过二维小波变换将信噪分离后的分布式光纤振动信号进行水平和垂直方向上的多分辨率分解，得到各层小波系数，然后选取系数中的较大值进行保留，来实现信号压缩的目的。但是，由上述变换分析可知，在二维小波构造的过程中，二元正交小波是通过一元小波的张量积所构造的，它们是可分离变量的函数，并不是真正意义上的多元函数，这类函数并不能灵活反映函数在水平以及垂直等各个方向上的变化规律，缺乏各向异性。

4.1.2　基于剪切波变换的时空特征提取原理

4.1.2.1　剪切波变换

和二维离散小波变换相比，剪切波具有能够反映出多元小波各向异性的特点，能够灵活反映信号在各个方向上的变化信息，是一种多尺度几何分析方法。它主要通过对基本函数进行伸缩、剪切和平移等仿射变换来构造，能够很好地体现函数的几何特性。剪切波变换的具体过程为：首先，通过基本函数(u, v, w)构造ψ，对其进行傅里叶变换得到ψ。然后，对ψ进行伸缩、剪切和平移相结合的线性变换得到$\psi_{a,s,t}$，其中a，s，t分别表示伸缩、剪切和平移操作。最后，根据上述变换得到不同方向和位置上的高频、低频函数，选取能够代表振动信号的高、低频分量[42,43]。

当维数为2时，$A_a = \begin{pmatrix} a & 0 \\ 0 & \sqrt{a} \end{pmatrix}$以及$B_s = \begin{pmatrix} 1 & s \\ 0 & 1 \end{pmatrix}$所产生的系统为：

$$SH(\psi) = \{\psi_{a,s,t}(x) = a^{-\frac{3}{4}}\psi(A_a^{-1}B_s^{-1}(x-t)), \ a \in R^+, \ s \in R, \ t \in R^2\} \tag{4-12}$$

其中，a为尺度参数，s为剪切参数，t为平移参数，A_a为各向异性膨胀矩阵，通常取值为$A_a = \begin{pmatrix} 4 & 0 \\ 0 & 2 \end{pmatrix}$。$B_s$为剪切矩阵，通常取值为$B_s = \begin{pmatrix} 1 & 1 \\ 0 & 1 \end{pmatrix}$。如果$SH(\psi)$具有Paraeval框架，即对于任意函数$f \in L^2(R^2)$均满足：

$$\sum_{a, s, t} |<f, \psi_{a,s,t}>| = ||f||^2 \tag{4-13}$$

剪切波变换一共包括多尺度分解和各异向性离散化两个部分。利用harr小波包对二维时空振动信号X进行J层分解后，可以得到低频带f和多尺度下的高频子带$f_j(j=0\sim J-1)$，其中j表示当前分解尺度[30]。剪切波变化域剖分示意图如图4-7所示，图中ξ_1，ξ_2分别代表横纵坐标轴，低频带对应图中的正方形区域，从内往外依次对应尺度为$0\sim J-1$的高频子带[39]。从图4-8中可以看出，在不同的尺度上，$\psi_{a,s,t}$支撑在以原点对称、以s为斜率的梯形对上，改变剪切参数s可以使支撑区域保持面积不变地进行旋转。

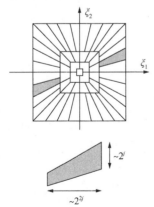

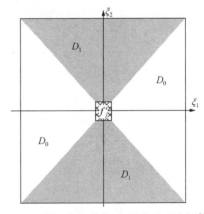

图4-7　剪切波变换剖分示意图　　　　图4-8　剪切波频域水平/垂直锥示意图[30]

经过多尺度剖分后，再进行各异向性离散化操作。令尺度参数$a_j = 2^j(j \in Z)$，剪切参数$s_{j,k} = k2^{j/2}(k \in Z)$，平移参数$t_{j,k,m} = D_{a,j,s,j,m}(m \in Z^2)$，对$0\sim J-1$尺度

下的高频子带 $f_j(j=0\sim J-1)$ 进行离散化操作，获取不同方向上的高频分量。对于任何 $(\xi_1,\ \xi_2)\in D_0$，有：

$$\sum_{j\geq 0}\sum_{k=-2^j}^{2^j-1}|(\psi^{(0)}(\xi A_a^{-j}B_s^{-k})|^2+\sum_{j\geq 0}\sum_{k=-2^j}^{2^j-1}|\psi_1(2^{-2j}\xi_1)|^2|\psi_2(2^j\xi_2/\xi_1-k)|^2=1$$

$$(4-14)$$

其中，A_a 为各向异性膨胀矩阵，B_s 为剪切矩阵，ψ_1 为连续小波函数，ψ_2 为 bump 函数，$\xi=\{\xi_1,\ \xi_2\}$，j 为当前分解尺度，k 为当前分解方向，m 为当前支撑区域，ξ_1，ξ_2 为横纵坐标轴。剪切波频域水平锥/垂直锥示意图如图 4-8 所示。

$D_0=\{(\xi_1,\ \xi_2)\hat{}_R:\ |\xi_1|\geq 0.125,\ |\xi_2/\xi_1|\leq 1\}$；

$D_1=\{(\xi_1,\ \xi_2)\hat{}_R:\ |\xi_2|\geq 0.125,\ |\xi_1/\xi_2|\leq 1\}$。

分别对 $0\sim J-1$ 尺度下的高频子带 $f_j(j=0\sim J-1)$ 选择 $2^{j+1}(j=0\sim J-1)$ 个窗函数 H，在图 4-7 中，加深的区域表示了分解尺度 j 为 2 时的一组窗函数[39]。它的频域表示为：

$$H_{j,l}^{(d)}:\ \{(\xi_1,\ \xi_2):\xi_1\in[-2^{2j-1},\ 2^{2j-4}]\cup[-2^{2j-4},\ 2^{2j-1}],\ |\xi_2/\xi_1+l2^{-j}|\leq 2^{-j}\}$$
$$(d,\ j,\ l)\in Z,\ d\in\{0,\ 1\},\ j\in\{0,\ 1,\ 2\},\ -2^{2j}\leq l\leq 2^j-1\ \text{and}\ l\neq 0$$

$$(4-15)$$

剪切波的每个元素均支撑在梯形对上，每一个梯形包含在大小近似为 $2^{2j}\times 2^{2j}$ 的盒子里，方向沿着斜率为 $l2^{-j}$ 的直线[39]。利用窗函数对 Shearlet 频域进行各方向的离散化分割后，得到了不同尺度不同方向频带的信号分量 $f_{j,p}$，其中 j 表示当前分解尺度，p 表示当前分解方向。

4.1.2.2　频带选取

将 Phase-OTDR 分布式光纤振动信号经过 Shearlet 分解变换到 Shearlet 频域，得到 Shearlet 稀疏性表示系数。根据稀疏性原理，选择尽可能少的非零系数来表示信号的主要信息，通过保存这些系数的取值和位置实现信号的特征提取。在 Shearlet 稀疏性表示系数的选取过程中，如果直接从所有频带中选取代表性的系数，不仅打乱了原始分布式光纤信号在频域上表现的方向性，而且会导致信号重构过程中花费较长的时间。所以本书将 Shearlet 稀疏性表示系数的选取分为两步，先从所有分解获得的频带中选取目标频带，再从目标频带中选取变换系数，从而实现振动数据的时空特征提取。

频带选取与系数选取的目的相同，二者最终的目的都是为了找到频带中的目标变换系数。在 Phase-OTDR 分布式光纤振动数据中，振动信号的能量要远远高于噪声信号的能量，将振动信号和噪声信号进行剪切波变换后，振动信号对应的剪切波系数也必定大于噪声信号对应的剪切波系数。因此，在频带选取中，以能量作为指标，选取合适的频带选取阈值 T_1，将高于频带选取阈值 T_1 的低频带 f 和高频子带 $f_j(j=0\sim J_i)$ 作为最终的目标频带，其中 J_i 表示最终选取的高频子带数目，以上便完成目标频带的选取。

4.1.2.3 系数选取

分布式光纤信号经过剪切波变换得到的低频带是分布式光纤振动信号能量最为集中的区域，也是反映信号主体部分的区域，因此，低频带是整个剪切波变换域的中心部分。而变换得到的各高频子带则反映的是分布式光纤信号的细节部分[39,42]。在传统的系数选取方法中，主要是以低频带和各高频子带中系数较大的值为依据，这样选取的系数虽然可以表示信号的主体部分，但是却剔除了一部分值较小的细节系数，进而可能丢失原始光纤振动信号中的细节特征。因此，本书对系数选取方法进行了改进，针对细节与主体在不同系数上的分布特点，先采用具有自适应特性的引导滤波剔除各频带中的部分系数分量，然后计算低频带和各高频子带中各系数之间的相关性，最终选取相关性高的频带系数进行保留，实现时空信号的特征提取。系数选取的基本原理如下：

对于第 J 分解尺度，第 p 分解方向的子带系数 $f_{j,p}(i)$ 引导滤波结果满足[43,44]：

$$S_{j,p}(i)=m_k I(j,\ p)(i)+n_k,\quad \forall i\in w_k \qquad (4-16)$$

式中，m_k 和 n_k 是在 w_k 中的线性系数，$I(j,\ p)(i)$ 为引导系数，i 为系数坐标，定义代价函数为：

$$E(m_k,\ n_k)=\sum_{i\in w_k}\left((m_k I(j,\ p)(i)+n_k-f_{j,p}(i))^2+\varepsilon m_k{}^2\right)\qquad (4-17)$$

式中，ε 为正则化参量，通过线性回归模型，求得使得代价函数最小的 m_k 和 n_k，即：

$$m_k=\frac{\dfrac{1}{|w|}\sum_{i\in w_k}I(j,\ p)(i)f_{j,\ p}(i)\ -\mu_k\bar{f}_{j,\ p}(i)}{\sigma^2+\varepsilon}$$

$$n_k=\mu_k\bar{f}_{j,p}(i)-m_k\mu_k \qquad (4-18)$$

式中，μ_k 和 σ^2 为 $I(j,\ p)(i)$ 在 w_k 中的均值和方差，$|w|$ 为 w_k 中的系数个数，$\bar{f}_{j,p}(i)$ 为系数在 w_k 中的均值，ε 用来决定滤波器的平滑程度。从式(4-18)可以看出线性系数 m_k 和 n_k 是随着 w_k 的变化而不断变化的，通过改变 w_k 的值来获得最优的滤波结果，进而得到剔除部分稀疏性表示系数后的子带系数 $f'_{j,p}$。

经过滤波后的子带系数需要进一步计算各子带系数之间的相关性，根据相关性的高低来决定最终需要保留的目标系数。定义子带系数 $f'_{j,p}$ 中任意系数 $f'_{j,p}(i)$ 与系数 $f'_{j,p}(j)$ 之间的相关性为[47]：

$$r(f'_{j,p}(i), f'_{j,p}(j)) = \frac{\mathrm{cov}(f'_{j,p}(i), f'_{j,p}(j))}{\sqrt{\mathrm{var}(f'_{j,p}(i))\,\mathrm{var}(f'_{j,p}(j))}} \qquad (4-19)$$

式中，$\mathrm{cov}(f'_{j,p}(i), f'_{j,p}(j))$ 表示 $f'_{j,p}(i)$ 和 $f'_{j,p}(j)$ 的协方差，$\mathrm{var}(f'_{j,p}(i))\,\mathrm{var}(f'_{j,p}(j))$ 分别表示各自的方差。

根据式（4-19）计算低频带和各高频子带中各系数之间的相关性，最终选取相关性高的频带系数进行保留，实现时空信号的特征提取。

4.1.3　振动数据时空特征提取实验

经过 Ostu 信噪分离后的分布式光纤振动数据仍然拥有着巨大的数据量，数据中包含着许多冗余的信号信息，所以要对信噪分离后的数据做进一步的特征提取。信号的稀疏性表示可以用尽可能少的系数表示信号的主要信息，能够对数据规模进行大大压缩。经典的一元小波可以构造张量积形式下的多元正交小波变换，但是这种函数只是对多元函数进行了水平和垂直方向上的伸缩、平移变换，具有有限的方向选择性和基函数各向同性。基于小波变换中存在的这种不足，本小节针对剪切波变换进行了研究，并利用基于二维小波变换和剪切波变换的时空压缩方法对信噪分离后敲击信号进行了压缩实验，将二者的特征提取效果进行了对比。

4.1.3.1　二维小波变换时空特征提取方法

本小节中，采用 harr 小波对去噪后的敲击信号进行两级分解。首先对信号进行 1 级分解得到水平和垂直方向上的各分量 *LL*、*LH*、*HL* 和 *HH*，各级低频成分与高频成分全部以二维矩阵的形式存储，将其转换为一维数组后绘制系数直方图如图 4-9 所示。

对去噪后的敲击信号经过 1 级小波分解后，得到了 1 个低频近似成分（图 4-9 中左上图）和三个高频细节成分。由图 4-9 可以看出，三个高频细节成分的系数值较小，大多分布在 0 附近。而低频近似成分的系数值较大，主要分布在 80~200 之间，说明原始去噪信号的大多数信息主要包含在低频近似成分中。二维小波变换 1 级分解后的敲击信号二维时空分布图如图 4-10 所示。然后，对水平和垂直方向上的低频分量 *LL* 继续进行 2 级分解得到的各分量系数直方图如图 4-11 所示。

在图 4-11 中，对 1 级小波分解得到的低频信号进行 2 级分解又得到了 1 个低频近似成分[图 4-11（a）]和三个高频细节成分。可以看出，低频成分和高频成分的系数值分布与图 4-9 类似，低频成分中包含了更多的原始信号信息，系数值主要分布在 100~300 之间。二维小波变换 2 级分解后的敲击信号二维时空分布图如图 4-12 所示。

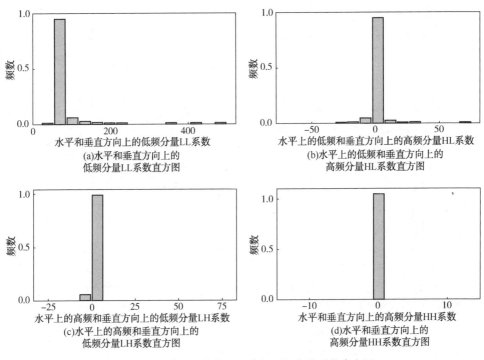

图 4-9　二维小波变换 1 级分解后各分量系数直方图

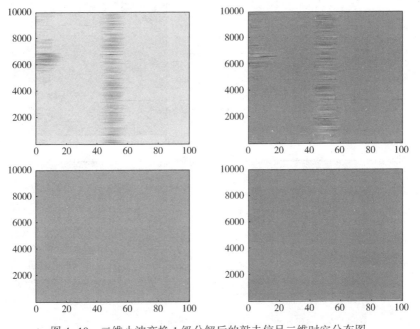

图 4-10　二维小波变换 1 级分解后的敲击信号二维时空分布图

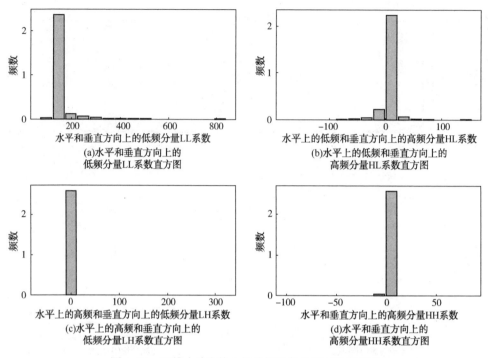

(a)水平和垂直方向上的
低频分量LL系数直方图

(b)水平上的低频和垂直方向上的
高频分量HL系数直方图

(c)水平上的高频和垂直方向上的
低频分量LH系数直方图

(d)水平和垂直方向上的
高频分量HH系数直方图

图 4-11　二维小波变换 2 级分解后各分量系数直方图

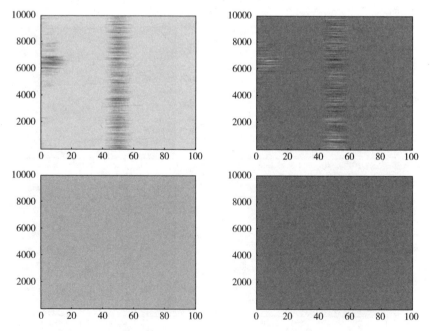

图 4-12　二维小波变换 2 级分解后的敲击信号二维时空分布图

将原始去噪后的敲击信号经过 2 级小波分解后，选取分量系数中的较大值进行保留，其他分量系数置为 0，最终保留的部分分量系数如表 4-1 所示。

表 4-1 最终保留的部分分量系数表

1 级分解后的 LL 分量	1 级分解后的 HL 分量	2 级分解后的 LL 分量	2 级分解后的 HL 分量
492.0	8.5	815.3	155.3
478.5	6.9	827.2	151.7
492.9	75.0	834.7	150.8
384.0	71.9	247.5	151.0
337.0	31.0	106.2	−81.9
341.9	66.5	108.0	150.9
99.5	4.0	119.0	104.0
213.5	10.5	117.7	22.9
67.0	3.5	491.2	13.5
98.0	5.0	504.5	33.2

4.1.3.2 剪切波变换时空特征提取方法

首先利用剪切波变换将信噪分离后的敲击信号从多尺度、多方向两方面进行剪切波分解，得到 Shearlet 频域稀疏性表示系数。然后，从低频带和各高频子带中选取代表性的系数进行保存。在对信号进行剪切波分解的过程中，如果分解层数过多，会使得低频带的能量较为分散。为了实现精细化的划分，用 harr 小波包对去噪后的敲击信号进行了 3 层分解，得到了 1 个低频带和 32 个高频子带，一共 33 个频带。各频带分量的系数直方图如图 4-13~图 4-18 所示。从图 4-13 和图 4-14 可以看出，在第 5~第 9 个高频子带中，剪切波的系数几乎都为 0 或者接近于 0，系数值的大小代表了该频带包含信号信息量的多少，所以从第 5~第 9 个高频子带中的系数直方图的分布可以看出，这几个频带所包含的信息量较少。

从图 4-15 和图 4-16 可以看到，和图 4-15 相比，图 4-16 中的各高频子带的系数值相对来说分布更广一些，尤其是第 19、第 20 和第 21 个高频子带，系数值的分布范围均在−5~15 之间，而图 4-15 中的第 12~第 17 个高频子带系数几乎都为 0 或者接近于 0。

在图 4-16 和图 4-17 中，除了最外层剪切波系数值较大，分布较为分散以外，其他各子带的系数直方图分布也大致相同。在最外层剪切波系数直方图中，除了大部分接近于 0 的系数以外，其他系数值主要分布在 30~50 之间，虽然也有分布在 70~100 及以上的系数，但是数量相对来说较少一些。

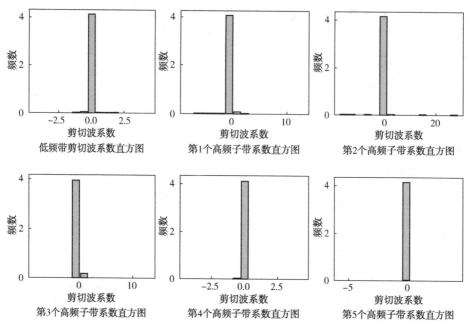

图 4-13　低频带和第 1~第 5 个高频子带系数直方图

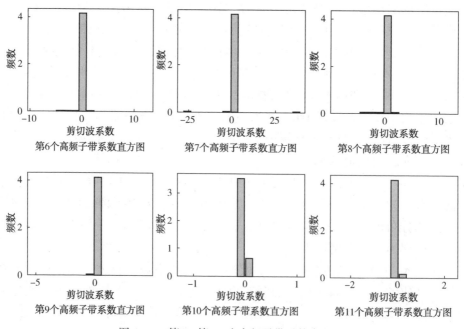

图 4-14　第 6~第 11 个高频子带系数直方图

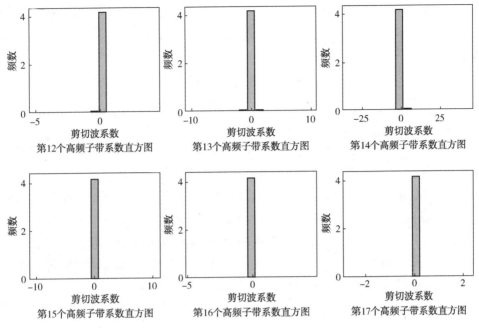

图 4-15　第 12~第 17 个高频子带系数直方图

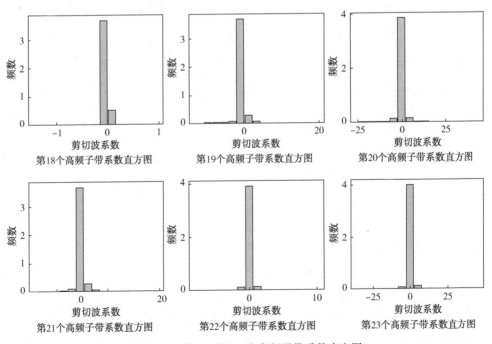

图 4-16　第 18~第 23 个高频子带系数直方图

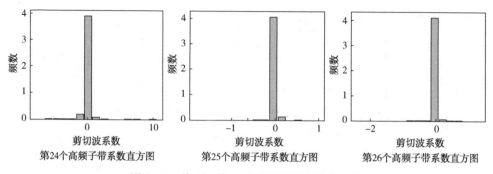

图 4-17　第 24~第 26 个高频子带系数直方图

在对敲击信号进行 Shearlet 变换获得稀疏性低频带和各高频子带后，需要选取 Shearlet 频域值来进行保存从而实现压缩，该过程主要分为频带选取和系数选取两部分。根据分析可知，直接保存 Shearlet 频域系数的较大值可能会丢失信号的细节特征。因此，本书首先从上述所有频带中选取目标频带，然后再采用合适的方法完成系数的选取。

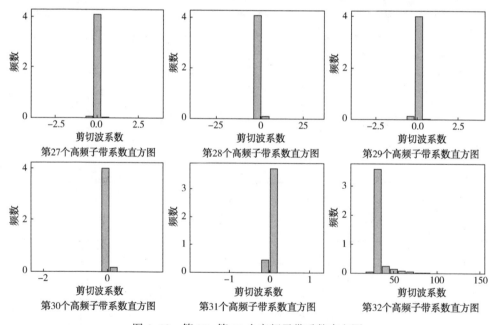

图 4-18　第 27~第 32 个高频子带系数直方图

由于信号能量可以有效反映信号的分量特征，所以本书中需要计算低频带和各高频子带所占的能量，并以此为选取指标来选取信号能量集中的频带作为目标频带。通过计算 33 个频带的信号能量值得到的统计结果如表 4-2 所示。由表 4-2 可知，和各个高频子带相比，低频带所拥有的能量最高，是信号能量最为集中的区域。它是剪切波变换域中的核心部分，主要反映的是信号的主体部分。而在各高频子带中，能量分布也各有差异，能量的多少则反映了各高频子带包含信号细节部分的多少。

在本书中，将所有频带占有能量的 0.15% 作为选取目标频带的阈值，最后选取了低频带和 3 个高频子带作为最终的目标频带。这三个高频子带分别为：第 32 个高频子带、第 23 个高频子带和第 7 个高频子带。各个目标频带的剪切波系数矩阵大小和原始二维时空信号矩阵大小相等。

表 4-2　低频带和 32 个高频子带的能量统计表

频带	能量值	频带	能量值
低频带	5108124390.85	第 17 个高频子带	3028.67
第 1 个高频子带	1246926.06	第 18 个高频子带	1613.58
第 2 个高频子带	6184023.52	第 19 个高频子带	6228436.83
第 3 个高频子带	1247004.66	第 20 个高频子带	58754.28
第 4 个高频子带	59198.45	第 21 个高频子带	6232648.25
第 5 个高频子带	16648.24	第 22 个高频子带	1062267.13
第 6 个高频子带	344699.78	第 23 个高频子带	16897202.51
第 7 个高频子带	9650330.58	第 24 个高频子带	1063508.07
第 8 个高频子带	344776.25	第 25 个高频子带	2973.17
第 9 个高频子带	16775.77	第 26 个高频子带	8498.46
第 10 个高频子带	1635.37	第 27 个高频子带	92000.19
第 11 个高频子带	3049.62	第 28 个高频子带	5725475.24
第 12 个高频子带	8180.37	第 29 个高频子带	92059.01
第 13 个高频子带	68046.80	第 30 个高频子带	8505.38
第 14 个高频子带	5873136.11	第 31 个高频子带	2998.64
第 15 个高频子带	67986.83	第 32 个高频子带	24941429.17
第 16 个高频子带	8140.38		

选取目标频带后，进一步在目标频带中选取剪切波系数，在系数选取中，传统的系数选取方法是直接选取目标频带中的较大值作为代表性的系数。但是，由各频带系数的直方图可知，大多剪切波系数的值较小。以最外层剪切波系数的直方图为例，将直方图局部放大 10 倍后，得到图 4-19。从图中可以更加明显地看出系数值大多分布在 30~50 之间，其中值在 30 左右的系数数目占绝大多数，如果按照传统的系数选取方法，只选取 70~100 之间的较大值，势必会丢失原始信号的大部分特征信息。因此，本书首先对各目标频带

中的频域系数进行引导滤波处理，剔除各频带中的部分系数分量，然后计算低频带和各高频子带中各系数之间的相关性，将相关性高的频带系数进行保留，来实现信号的时空特征提取。

对低频带和3个高频子带进行引导滤波处理后，计算各系数之间的相关性，得到低频带系数矩阵和各高频子带中各系数矩阵之间的相关系数表如表4-3所示。在本书中，设定相关性阈值为0.7，将系数矩阵之间相关性高于0.7的剪切波系数进行保留，最终实现Phase-OTDR分布式光纤振动信号的时空特征提取，保留得到的部分剪切波系数如表4-4所示。

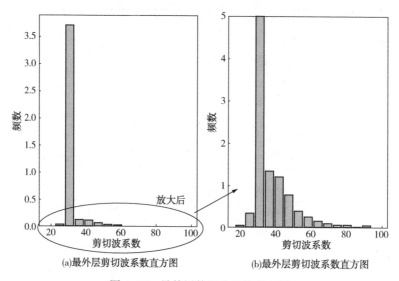

(a)最外层剪切波系数直方图 (b)最外层剪切波系数直方图

图4-19　最外层剪切波系数直方图

表4-3　低频带和各高频子带中各系数矩阵之间的相关系数表

低频带与第32个高频子带	低频带与第23个高频子带	低频带与第7个高频子带
0.44	-0.13	0.78
0.68	-0.01	0.20
0.14	0.87	0.09
0.02	0.24	-0.04
0.75	-0.16	0.81
0.49	0.75	-0.59
…	…	…
0.42	-0.20	0.74
0.31	0.52	0.09

在表 4-4 中，展示了最终保留的低频带和 3 个高频子带系数矩阵中的部分频带系数，最终在每个目标频带的系数矩阵中，需要保留的系数对应位置上的值为剪切波系数，其他位置上的值为 0。由表 4-4 可知，低频带系数矩阵中的系数值较大，用来表示分布式光纤信号的主体部分，3 个高频子带系数矩阵的系数值相对较小，用来表示分布式光纤信号的细节部分。

表 4-4　最终保留的部分频带系数表

低频带	第 32 个高频子带	第 23 个高频子带	第 7 个高频子带
39.261	-4.047	0.724	0.085
37.175	-3.989	0.362	0.116
-4.886	-3.646	-0.009	-7.231e-05
-10.867	-3.818	1.615	0.003
-27.500	-3.860	1.369	0.020
-6.805	-3.923	1.070	0.049
-5.121	-3.602	0.741	1.976e-05
-27.435	3.642	0.522	0.09
37.408	3.982	0.308	0.117
39.103	3.650	1.315	0.013

4.1.3.3　时空特征提取信号重构

Phase-OTDR 分布式光纤振动信号的重构是时空特征提取的逆过程，即解压的过程，对应于剪切波变换的反变换。具体过程为：首先，构建与目标频带数目个数相同的矩阵，将保留的剪切波变换系数填在矩阵中的对应位置上，在矩阵中剩余的其他位置上补 0，完成 Shearlet 稀疏系数矩阵的构建。在本书中，目标频带个数为 4，即构建 4 个与原始二维时空信号矩阵大小相等的 Shearlet 稀疏系数矩阵。然后，对这 4 个矩阵进行二维傅里叶反变换，得到低频带的时空重构信号和 3 个高频子带的时空重构信号，完成低频带和各高频子带的重构。最后，将 4 个频带的时空重构信号相加，最终得到重构后的 Phase-OTDR 分布式光纤振动信号。

为了验证本书改进 Shearlet 稀疏性表示特征提取方法的有效性，将信噪分离后的敲击信号进行了基于二维小波变换的特征提取处理和基于 Shearlet 变换的压缩处理，并对特征提取后的数据进行了重构，特征提取后的重构效果对比图如图 4-20 所示。在图 4-20 中，图 (a) 为原始的信噪分离后的敲击信号，图 (b) 为原始 Shearlet 特征提取重构后的敲击信号，图 (c) 为本书 Shearlet 特征提取重构后的敲击信号，图 (d) 为二维小波变换特征提取重构后的敲击信号。将图4-20的图(a)、图(b)和图(c)、图(d)对比可以看出，三种方法均能够保留二维时空信号的特征信息，在压缩后对信号进行重构能够对原始信号进行较好的恢复。将图4-20的(b)、图(c)和图(d)对比可以看出，本书Shearlet特征提取方法特征提取重构后得到的信号包含更多的细节特征。

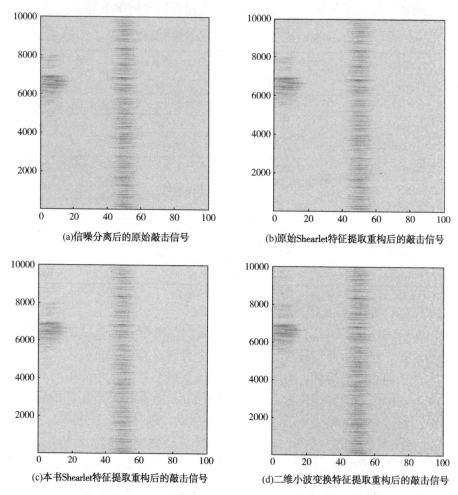

(a)信噪分离后的原始敲击信号 (b)原始Shearlet特征提取重构后的敲击信号

(c)本书Shearlet特征提取重构后的敲击信号 (d)二维小波变换特征提取重构后的敲击信号

图4-20 三种压缩方法特征提取后的信号重构效果对比图

4.1.3.4 时空特征提取效果评估

采用二维小波变换时空特征提取方法、原始剪切波变换时空特征提取方法和基于改进剪切波变换的时空特征提取方法对敲击信号进行了时空特征提取处理，同时，对三种方法特征提取后的敲击信号进行了重构，并绘制了信号的二维时空分布图，采用可视化的方式对比了时空特征提取重构后的效果。在本节中，采用定量的方式来评估比较各个方法的特征提取效果，从而证明本书提出方法的可行性。

在基于改进 Shearlet 稀疏性表示的二维时空数据特征提取的效果评价中，采用特征提取比和特征提取速度两个性能评价指标。较高的特征提取比能够缓解信号存储时空间不足的巨大压力，而较快的特征提取速度则能够保证后续数据处理时的实时高效性。在本书中，压缩速度定义为每毫秒处理的字节数，单位记为 kb/ms[39]。定义特征提取比的表达式为[45]：

$$R_{CR} = \frac{n_1 - n_2}{n_1} \tag{4-20}$$

式中，n_1 代表数据特征提取前的数据量，n_2 代表特征提取后的数据量。

对 Phase-OTDR 分布式光纤信号分别采用基于二维小波变换的时空特征提取方法和本书改进的剪切波变换时空特征提取方法进行了压缩处理，在基于二维小波变换的时空特征提取方法中，采用 harr 小波对去噪后的振动信号进行了两级分解，得到了水平和垂直方向上的各分量系数，通过保留系数较大值的方式实现了振动信号的特征提取。在本书改进的剪切波时空特征提取方法中，利用 Shearlet 变换将信噪分离后的振动信号变换到 Shearlet 域，通过选取代表性系数实现了二维振动信号的特征提取。然后，对特征提取后的信号进行了重构，对比时空特征提取重构后的敲击信号二维分布图与原始去噪后的敲击信号二维分布图可以看出，各压缩方法对特征提取后的敲击信号均能实现较好地恢复。为了能以定量的方式对特征提取效果进行评估，本书分别对敲击信号、泄漏信号和碾压信号三种类型的振动信号进行了特征提取实验，用特征提取比和特征提取速度对三种方法的特征提取效果进行了评价，结果如图 4-21 所示。

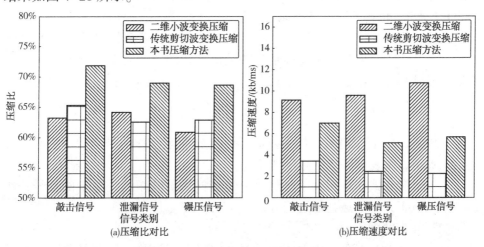

图 4-21　三种压缩方法特征提取效果对比图

从图 4-21 可以看出，本书改进 Shearlet 稀疏性表示特征提取方法的特征提取比明显高于原始的 Shearlet 稀疏性表示特征提取方法和二维小波变换稀疏性表示特征提取方法，这说明本书的稀疏性表示系数选取方法可以选取最小数量的频域系数来描述更多的信号特征，能获得更好的特征提取效果。但是在特征提取速度的比较中，二维小波变换的特征提取速度明显高于另外两种方法，原因是和二维小波变换相比，剪切波变换的运算过程更为复杂，所以特征提取需要花费更多的时间。虽然本书的特征提取方法能够获得更好的特征提取比，但是由于特征提取过程中需要进行 Shearlet 变换，因此需要考虑进一步提升其计算效率。

4.1.4　分布式光纤振动数据频谱分析

过对 Phase-OTDR 分布式光纤振动数据进行信噪分离和时空特征提取，实现了数据的梯次精简。在信噪分离的过程中，不可能将振动信号完全从噪声中分离出来，会有一部分信号损失。同时，对信号进行时空特征提取的过程中，由于是有损特征提取，所以也会损失信号的部分特征信息。在对分布式光纤振动数据的梯次精简效果评估中，采用的特征提取比和信噪比等指标仅能说明本书方法取得了较好的梯次精简效果，并不能对精简后数据特征信息的保留程度进行验证。所以，本小节对时空特征提取后的数据进行数据重构，利用快速傅里叶变换分别将特征提取前的数据和重构后的数据转换到频域坐标，从信号能量、信号幅度和频带宽度等几个方面对原始信号和重构信号进行频谱分析。同时，建立随机森林、SVM 和 KNN 典型分类模型对信号进行识别分类，通过分类准确率来判别时空特征提取过程中数据特征信息的损失程度，从而对本书梯次精简方法保留信号特征的有效性进行进一步验证。

4.1.4.1　快速傅里叶变换原理

快速傅里叶变换（Fast Fourier Transform，FFT）是离散傅里叶变换的快速方法，通常用于获取分布式光纤信号的频谱分布图，然后对信号进行频谱分析的信号处理分析中。它的表达式为：

$$F(k) = \frac{1}{N} \sum_{n=1}^{N} x(n) e^{\frac{-2j\pi kn}{N}} \quad (k=1, 2, \cdots, N) \quad (4-21)$$

其中，$x(n)$ 表示时域离散采样信号，$F(k)$ 表示采样信号离散傅里叶变换后的频域值，N 表示离散信号序列长度。

本书对分布式光纤振动信号经过上述变换后得到频域坐标中的信号，然后主要从以下几个频域特征进行分析[46]：

（1）频带宽度

它表示从 0Hz 开始，能量占总能量 80% 的频率范围。该特征既能描述频率分布的主要范围，又能描述信号变化的快慢。频带宽度越宽则说明频率分布得越广，信号幅度随频率下降得越慢，反之，则频率分布越广，信号幅度随频率下降得越快。

（2）中心频率

它表示最高信号幅值所对应的频率，该特征主要用来描述幅值变化的形状特征。

（3）信号能量

它表示所有信号的总能量，既可以对每单位时间内的能量进行求和计算出来，也可以对每单位频率内的能量进行求和而得到。其计算公式为：

$$E = \sum_{n=1}^{N} |x(n)|^2 = \sum_{k=1}^{N} |F(k)|^2 \qquad (4-22)$$

式中，$x(n)$ 表示时域离散采样信号，$F(k)$ 表示采样信号离散傅里叶变换后的频域值，n 表示离散信号序列长度。

（4）信号幅度

它表示每个频率下信号偏离 x 轴的绝对值，本书中，主要计算的是信号的最高幅度。

4.1.4.2　随机森林分类模型原理

随机森林分类算法的核心思想是将多棵由样本子集训练产生的决策树进行组合来提升算法整体的分类准确性，其原理如图 4-22 所示。具体的实现步骤如下[47]：

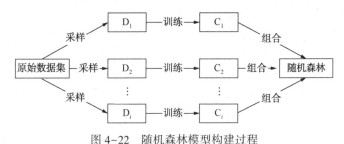

图 4-22　随机森林模型构建过程

（1）首先利用 bootstrap 重抽样的方法随机选取 k 个训练集 θ_1，θ_2，…，θ_k，这 k 个训练集可以分别训练产生对应的决策树 $\{T, (x, \theta_1)\}$，$\{T, (x, \theta_2)\}$，$\{T, (x, \theta_k)\}$，这 k 个决策树就形成一个随机森林。

（2）假设输入样本的维数是 M，则从这 M 维特征中任意选取 m 个特征作为当前节点的分裂标准。一般来说，m 值的大小是根据输入样本的维数确定的，一旦确定值 m 后，在形成随机森林的整个过程中将保持不变。

（3）对每个决策树都不进行剪枝处理即不限制树的深度，使其得到最大程度的生长。

（4）对每一个决策树的分类结果进行统计整理，模型最终的分类结果由多棵决策树进行投票决定，其分类投票规则如下：

$$G(x)= \arg \max \sum_{i=1}^{k} I(g_i(x)=Y) \qquad (4-23)$$

其中，$G(x)$ 为总分类器，它是由多个单分类器组合而成的分类模型。$g_i(x)$ 是 $G(x)$ 中第 i 个子分类器，Y 是信号类别，$I(g_i(x)=Y)$ 是分类规则中对应的函数。

分类完成后，主要采用准确率这一指标来对随机森林分类模型的效果进行评估，它表示分类结果中被正确分类的比例，是进行分类器评估时的一个常用指标。其计算方式分别为[46]：

$$\text{accuracy}=\frac{N_1}{N_2}\times100\% \qquad (4-24)$$

其中，N_1 表示样本中被正确分类的样本数，N_2 表示总的样本数。

4.1.4.3　频谱分析与分类建模

（1）频域分析

Phase-OTDR 分布式光纤振动信号共包含敲击信号、泄漏信号和碾压信号三类。其中，敲击信号的采样频率为 4k，采集时长为 10s，采集范围为 10m。泄漏信号的采样频率为 10k，采集时长为 10s，采集范围为 10m。碾压信号的采样频率为 4k，采集时长为 10s，采集范围为 10m，三类振动信号的幅值分布箱线图如图 4-23 所示。

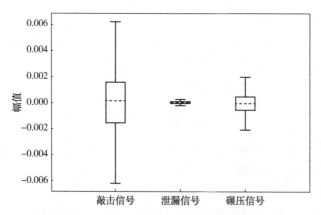

图 4-23　三类振动信号的幅值分布箱线图

从图 4-23 中可以看出，敲击信号的幅值相对来说较大，而泄漏信号的幅值较小，几乎接近于 0。将压缩前和压缩后重构的三类信号进行傅里叶变换后得到的时频图如图 4-24~图 4-26 所示。

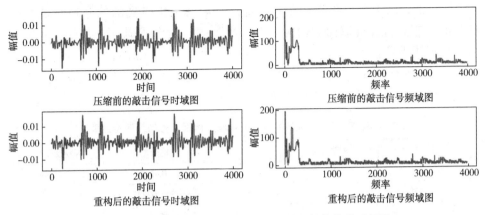

图 4-24 特征提取前和特征提取后重构的敲击信号时频图

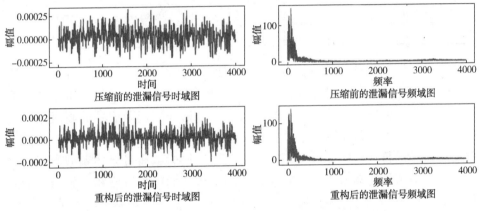

图 4-25 特征提取前和特征提取后重构的泄漏信号时频图

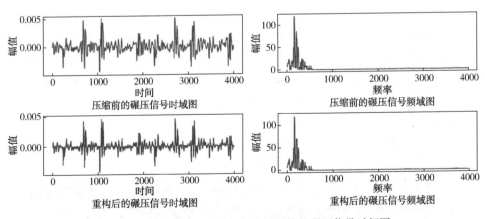

图 4-26 特征提取前和特征提取后重构的碾压信号时频图

从图 4-24～图 4-26 可以看出，特征提取前敲击信号主要集中分布在 500Hz 以下，最大幅值在 200 左右，特征提取后重构得到的信号在时域和频域中的分布和特征提取前的信号分布几乎相同，频率范围也分布在 500Hz 以内。特征提取前泄漏信号和碾压信号的最大幅值均为 100cm 左右，频率范围也分布在 500Hz 以内。计算特征提取前和特征提取后重构的三类信号的信号能量、信号幅度和频带宽度等频域特征如表 4-5 所示。

表 4-5　特征提取前信号和特征提取重构后信号的频域特征表

信号类别	频带宽度/bps	中心频率/Hz	信号能量	信号幅度/cm
压缩前敲击信号	20	30	0.01665	0.0156
重构后敲击信号	20	30	0.02273	0.0143
压缩前泄漏信号	40	50	0.00517	0.0012
重构后泄漏信号	40	50	0.00494	0.0013
压缩前碾压信号	30	60	0.00991	0.0049
重构后碾压信号	30	60	0.00856	0.0044

通过对比表 4-5 中三类信号特征提取前和特征提取后重构的各频域特征可以看出，三类信号经过特征提取处理并进行重构后，信号的频带宽度、中心频率均和特征提取前的原始信号保持一致，信号能量和信号的幅值也均与原始信号相接近，这说明本书的特征提取算法对信号进行压缩后，对特征提取后的信号进行重构时能够实现较好的恢复。同时，通过上述频域指标，可以得到三类信号在频域中的分布特性，敲击信号的频带宽度相对较窄，泄漏信号的频带宽度较宽。和泄漏信号、碾压信号相比，敲击信号的信号幅值更高。

（2）信号分帧及特征提取

在提取信号特征前，为了平衡信号的时效性和信号特征的有效性，先对特征提取前和特征提取后重构的信号进行分帧处理。在本书中，设定分帧的长度为 1000 个信号点，同时为了保证信号两端的信息不被削弱，各个信号帧间能够连续而不间断，防止信号在分帧过程中造成信号信息丢失，本书采用帧与帧之间重叠的方式，相邻的两帧信号间重合 500 个信号点，这样被前一帧或二帧丢失的数据可以在下一帧中重新得到体现。具体的分帧示意图如图 4-27 所示。

如图 4-27 所示，从信号起始位置开始到第 1000 个信号点是信号的第一帧，即图中第一个框中包含的部分，然后从信号起始位置向后滑动 500 个信号点，从第 501 个信号点到第 1500 个信号点是信号的第二帧。在第一帧和第二帧之间，第501个信号点到第1000个信号点是重复的。也就是说，第一帧和第二帧中均包含这500个信号点，按照上述操作依次向后滑动最终获得多个信号帧。

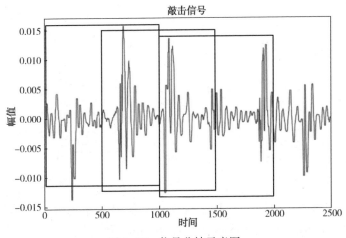

图4-27 信号分帧示意图

　　分别对特征提取前和特征提取后重构的敲击信号、泄漏信号和碾压信号以及噪声信号进行上述分帧操作，最终得到的各类型振动信号帧的数目分别为：敲击信号5135帧，泄漏信号14328帧，碾压信号10746帧。将特征提取前和特征提取后重构的三类振动信号和噪声信号经过分帧处理以后，分别选取特征提取前和重构后的三类振动信号各2000帧、噪声信号10000帧进行特征提取，得到振动信号和噪声信号的偏度系数、中心频率、频带宽度等特征，部分数据如表4-6和表4-7所示。

表4-6　特征提取前的振动信号和噪声信号特征表

信号特征	特征提取前的敲击信号	特征提取前的泄漏信号	特征提取前的碾压信号	噪声信号
频带宽度/bps	170	230	200	185
中心频率/Hz	170	240	200	153
峰均比	7.31163	6.10911	6.89423	−33.01561
信号占空比	0.037	0.037	0.047	0.032
峰度系数	5.21928	46.49002	3.21631	−0.23541
偏度系数	2.17742	6.93433	1.87948	0.40448
短时过电平率/%	30	20	21	157
信号能量	0.01551	0.00018	0.00370	0.00012
平均幅值/cm	0.00226	0.00023	0.00103	0.00003
峰峰值	0.00828	0.00069	0.00357	0.00094

表4-7　特征提取后重构的振动信号和噪声信号特征表

信号特征	特征提取后重构的 敲击信号	特征提取后重构的 泄漏信号	特征提取后重构的 碾压信号	噪声信号
频带宽度/bps	170	230	210	185
中心频率/Hz	160	240	200	153
峰均比	7.11941	5.47422	6.78853	-33.01561
信号占空比	0.027	0.051	0.041	0.032
峰度系数	5.06977	46.47466	3.01179	-0.23541
偏度系数	2.11748	6.41860	1.86977	0.40448
短时过电平率/%	32	22	19	157
信号能量	0.01567	0.00019	0.00337	0.00012
平均幅值/cm	0.00235	0.00023	0.00085	0.00003
峰峰值	0.00835	0.00064	0.00288	0.00094

在表4-6和表4-7中，包括了峰均比、信号占空比等8类时域特征和频带宽度、中心频率两类频域特征，共计10种信号特征。从两个表可以看出，特征提取前的三类振动信号在中心频率和频带宽度两类特征中存在较大差别，敲击信号的频带宽度明显窄于泄漏信号和碾压信号。在时域特征的比较中，信号在峰均比和峰度系数上也有明显区分，尤其是泄漏信号的峰均比和峰度系数要远远高于敲击信号和碾压信号。对三类振动信号进行压缩重构后，其时域特征和频域特征与压缩前的特征数值相差较小，重构后的信号与特征提取前的信号相近，这说明时空特征提取过程中，时频特征得到了较好的保留。

（3）信号分类

首先，将特征提取前的三类振动信号和噪声信号分成四份，每次随机选取三份作为训练集进行随机森林分类模型训练，即敲击信号1500帧，泄漏信号1500帧、碾压信号1500帧和噪声信号7500帧。剩下一份作为测试集，即敲击信号500帧，泄漏信号500帧、碾压信号500帧和噪声信号2500帧。提取各类信号的时频特征后，设定决策树数量为200，特征选取数量为6，进行4组分类实验。然后，按照上述同样的操作，对特征提取后重构的三类振动信号和噪声信号进行4组分类实验，最终得到的分类统计结果如表4-8所示。

表4-8　随机森林分类模型准确率统计表

特征提取前实验组号	分类准确率	特征提取重构后实验组号	分类准确率
1	96.65%	1	96.70%
2	95.98%	2	95.63%
3	96.20%	3	96.30%
4	97.43%	4	95.85%

由表4-8可知，采用未经过特征提取处理的信号对分类模型进行训练后，随机森林的分类准确率均保持在95%以上，最高为97.43%。而经过特征提取重构后的信号进行模型训练后，分类准确率也保持在95%左右，最高为96.70%。这4组分类对比实验说明特征提取前后的振动信号对随机森林分类模型训练效果影响较小，特征提取重构后的信号不会降低模型的分类准确率。为了排除随机森林或许只是个例这种情况，本书还训练了SVM和KNN两个典型的分类模型进行了实验，实验结果如表4-9和表4-10所示。

表4-9 SVM 分类模型准确率统计表

特征提取前实验组号	分类准确率	特征提取重构后实验组号	分类准确率
1	87.60%	1	88.35%
2	86.78%	2	86.13%
3	88.82%	3	88.78%
4	88.08%	4	86.78%

表4-10 KNN 分类模型准确率统计表

特征提取前实验组号	分类准确率	特征提取重构后实验组号	分类准确率
1	94.55%	1	94.40%
2	93.45%	2	93.18%
3	94.75%	3	94.85%
4	95.18%	4	93.45%

从表4-9和表4-10可以看出，SVM和KNN对特征提取前后的振动信号均保持较高的分类准确率，这说明本书的特征提取算法在对分布式光纤振动数据进行特征提取的过程中，能够保留数据中的大多数有效特征，特征提取后的数据经过重构后能实现较好的恢复，不会影响后续的数据分析结果。

4.2 光纤振动信号多维特征提取

选取特征训练法对Phase-OTDR振动信号进行识别分类前，需要提取光纤信号的特征。识别方法是否有效很大程度上取决于特征选取的效果。因此需要设计方案提取特征，需要其最能表达原信号的特性，具体表现在：类型不一样的信号在相同特征上的数值选取有显著的差别，并且同一种类型的信号在这一特征上取值的差距较小。本章针对不同种类的分布式光纤信号和噪声信号的时频域和自相关性的特征，提取时域特征 8 类，频域特征 2 类，自相关的特征 2 类，并将 12 个不同维度的特征组成特征向量，同时建立随机森林分类模型验证新特征的有效性。

4.2.1　时域与频域特征提取

当实验环境中的异常事件产生敲击、挖地和攀爬和信号时，Phase-OTDR 振动信号的波形会随着各类信号的出现而发生改变，因此利用 Phase-OTDR 振动信号的波形特征，可以得到最直观且最明确的时域特征，基于时域的特征提取方法大大减少了计算量。由于敲击、挖地和攀爬行为的影响，致使光纤中相干光信号的幅度值、能量大小与波动性出现改变，因此可采用对信号其波形状态、能量、周期与幅值进行描述的指标作为 Phase-OTDR 振动信号的时域特征。

不同的振动信号对光纤作用的幅度、位置和频率不同，使得不同信号在时域上的波形变化复杂，但振动信号在土壤中传播的频率是稳定的[38]。针对不同类别振动信号的影响，光纤中原始光信号的频域特性也会产生变化，使得振动信号的频带分布和在各频段的能量分布有所差异，因此 Phase-OTDR 振动信号可以使用频带宽度和中心频率作为其时域特征。

由此可知，根据各类信号在能量大小、振动频率、幅值波动和变化周期等方面的区别，可引入振动信号时域和频域的 10 个特征进行分析，具体的时域和频域特征如下[30]：

（1）信号能量（E）

它表示整个所有信号的总能量，既可以对每单位时间内的能量进行求和计算出来，也可以对每单位频率内的能量进行求和而得到。其计算公式为：

$$E = \sum_{n=1}^{N} |x(n)|^2 = \sum_{k=1}^{N} |F(k)|^2 \qquad (4-25)$$

（2）信号占空比（$AMPR$）

其意义是在信号帧之外，其值不在设定阈值之内的点数量（累加时间长度）与窗口长度的比值。通过多次对比试验，确定自适应阈值是信号帧内的最大幅值的 0.8 倍。

（3）短时过电平率（Z）

表示信号帧内通过阈值 a 的次数，a 可以对称设置。当 $a = 0.6$，则表示信号通过 -0.6 和 0.6 此范围的次数。因为每一种类别的振动信号其幅值分布会出现变化，所以不可以直接设定一个定值作为阈值，经过实验后设定信号大小的四分之三分位数作为计算使用的阈值以自适应地匹配每一信号。

（4）峰均比（*PAR*）

表示信号峰值的绝对值和信号平均值的比值。

（5）峰度系数（*KURT*）

可以表达出信号的时域波形中，其顶端形态尖峭或扁平的程度，为一种能够帮助信号波形表示形状特征的指标。

（6）主次峰之比（*RATIO*）

其表示信号的峰值中，取值最大的数值与取值第二大的数值比值，在没有信号进行作用的时候，信号中的噪声比较稳定，信号中的主峰与次峰差距角小，其数值较小，当存在外界信号作用于原始信号时，信号会发生明显波动，其主峰与次峰的比值变大。

（7）长短窗之比（*STA*）

其通常使用在微弱震动信号的检测中，因为光纤传感中的信号强度十分微弱，因此使用这个特征。存在外界振动信号作用于传感器产生时，短时信号在此指标上的变化强度大于长时信号在此指标上的变化强度，当该指标瞬间增大时，证明该频段出现振动信号。

（8）偏度系数（*SKEWNESS*）

用来度量分布是否对称，为波形形状特征。

（9）频带宽度（*FRE_ range*）

其用于表示由 0Hz 起始，信号能量到达信号总能量80%大小的频率范围。此特征除了可以用于对频率分布的主要范围进行描述，还能描述信号变化的快慢。频带宽度越宽说明频率分布得越广，信号幅度随频率下降得越慢，反之，则频率分布越广，信号幅度随频率下降得越快。

（10）中心频率（*FRE_ center*）

其用于代表信号幅度值最高时信号频率的数值，这个特征主要用于表达幅度值改变的形状特征。

4.2.2　改进的自相关特征提取

相关性为相似性的度量，信号的自相关性表示一个信号在该信号自身处于不同时间点时所得出的互相关程度，能够使用均值自相关函数（Relevant，*R*）进行表述，该函数表示相邻帧信号之间类似的程度，*R* 的极大值能够在研究的振动信号具备一定的周期性时很好地对该种特性进行体现[25]。

$$R(i) = \sum_{i=1}^{N} A(i)A(i+k) \tag{4-26}$$

然而，原始信号自身存在的背景噪声会受到敲击、挖地、攀爬行为所产生的影响而发生改变，信号的频率、周期、幅值等性质均会被影响，因此不同振动信号作用下对背景噪声的改变也不同，所以能够使用不同类型的Phase-OTDR信号其自相关性变化趋势当作一种光纤信号新特征。对敲击信号、挖地信号、攀爬信号和噪声信号进行自相关图的绘制如图4-28所示。

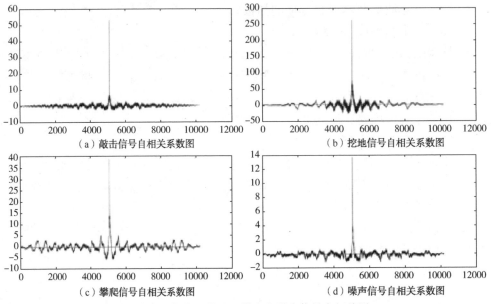

图4-28　敲击、挖地、攀爬和噪声信号自相关图

可以看出不同种类的振动信号和噪声信号自相关性的取值具有较大的不同，不同信号的自相关系数越大，则证明其自相关能力越强，从图中可以看出，敲击和挖地信号的自相关系数比较大，它们的周期性比较强。在这几种信号中，噪声信号的自相关系数与其他信号相比较小，它的信号自相关性较差，更具有随机性。分析不同信号的周期性时，需对不同信号的隐含周期进行求，由于每类信号选取的信号帧较短，因此根据振动信号的波形特点构造新的自相关特征值，构造自相关峰度(ACF_kurt)和自相关偏度($ACF\_skewness$)作为新的特征向量。

4.3　信号特征分析

4.3.1　特征选取情况

在对前文所叙述的对信号时域、频域以及自相关性特征进行分析后，本书共选取了 12 个特征构成信号的特征向量，通过实验计算不同分数据的特征如表 4-11 所示。

表 4-11   三类振动信号特征表

信号特征	敲击信号	挖地信号	攀爬信号
E	2357.21	8286.23	6834.24
$AMPR$	0.23	0.35	0.17
Z	9.12	7.47	5.78
PAR	3.52	3.68	2.75
$KURT$	0.47	-0.03	2.02
$RATIO$	11.07	13.68	11.04
STA	7.83	9.01	8.36
$SKEWNESS$	0.87	0.63	0.15
FRE_range	6.73	5.92	3.86
FRE_center	0.0288	0.0862	0.0683
ACF_kurt	8.21	6.23	5.37
$ACF\_skewness$	1.92	1.81	1.37

根据以上 12 种特征的取值情况，得出各类分布式光纤目标信号取值特点如下：

（1）敲击信号

最大的为偏度与自相关峰度两个性质，并且过零率与占空比数值较大，但峰度系数、长短窗能量的比值、主次峰的比值小，频带的宽度大。各种特征的数值选取状况符合敲击信号幅值在升高后保持、包络稳定及频带宽等特点。

（2）挖地信号

最大的为长短窗能量的比值以及主次峰的比值，并且短时能量、频带宽度与中心频率大，较大的为偏度系数，最小的为占空比与峰度系数。各种特征的数值选取状况符合挖地信号有着周期短时冲击、在频域上的幅值先上升然后下降等特点。

（3）攀爬信号

其长短窗能量的比值较大，主次峰的比值较大，频带宽度小，自相关峰度与自相关偏度小。特征的数值选取状况符合攀爬信号有着明显冲击、频带窄等特点。

4.3.2　实验评估

为验证本章提出的基于时域、频域和改进的自相关特征方法提取出的新特征向量，相比于传统时域和频域的特征向量，能更好地表征分布式光纤振动信号的特性，更具有适用性和有效性，因此选取随机森林模型，对本章提出的 12 个特征组成的特征向量与时域和频域中提取的 10 个特征组成的特征向量进行实验。

首先，将三类振动信号分成四份，每次随机选取三份敲击、挖地和攀爬作为训练集进行随机森林分类模型训练，剩下一份作为测试集。提取各类信号的时频特征后以及自相关特征后，设定决策树数量为 200，特征选取数量分别为 12 和 10 进行 4 组分类实验。最后所得的分类结果进行统计，如表 4-12 所示。

表 4-12　不同特征的模型准确率统计表

时域-频域-自相关特征提取方法	分类准确率	时域-频域特征提取方法	分类准确率
实验 1	90.13%	实验 1	89.59%
实验 2	92.86%	实验 2	90.29%
实验 3	93.07%	实验 3	91.52%
实验 4	91.34%	实验 4	91.06%

由表 4-12 可知，采用时域-频域-自相关特征提取方法和时域-频域特征提取方法的特征对分类模型进行训练后，随机森林的分类准确率保持在 90%~93%，最高为 93.07%，且本章提出的改进 Phase-OTDR 振动信号特征提取方法的分类准确率优于传统的特征提取方法，证明了该方法对 Phase-OTDR 振动信号特征选取的适用性和有效性。

4.4　分布式光纤振动数据编码存储

本章利用了两种不同的方法对光纤振动信号进行特征提取，在保留大多数信号有效特征的基础上，获得较大的数据特征提取比，从而达到降低数据存储空间的目的。然而，Phase-OTDR 分布式光纤振动数据的保存格式一般为双精度浮点型，是用 8 个字节进行存储的，仍然有进一步压缩的空间。因此，本章节从光纤振动信号的存储格式出发，在完全保留所有数据的基础上，采用 Huffman 编码存储的方式实现剪切波系数的无损压缩，进一步减少存储空间。

4.4.1　哈夫曼编码原理

Huffman 编码的核心思想是根据字符出现概率的大小来确定哈夫曼树的结构，然后根据构建的哈夫曼树对字符进行编码，使得出现概率高的字符编码位数少，出现概率低的字符编码位数多，从而降低字符整体的编码位数，达到压缩的目的[48,49]。建立哈夫曼编码树的过程示意图如图 4-29 所示，具体的实施步骤如下所示[50,51]：

（1）统计数据中各字符出现的频度或概率，并按其大小进行降序排列。

（2）将出现概率最小的两个字符组成的节点作为二叉树的一个叶节点，并将这个叶节点作为一个新的辅助符号，新符号的概率为二者概率之和。然后根据各字符出现概率的大小，对新字符与剩下字符进行重新排序，重复构造二叉树的叶节点，直到所有字符组合完毕，概率和为 1 时，一棵完整的哈夫曼树构建完成。

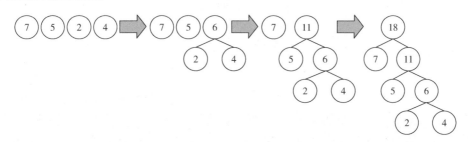

图 4-29　哈夫曼编码树构建过程示意图

（3）生成的哈夫曼树中，字符节点均为树的叶节点，将树中的每个左分支赋予 0，右分支赋予 1。

（4）从根节点到每个叶节点所经过的路径组合得到的码元序列即为相应字符的 Huffman 编码。

上述哈夫曼树的构造过程中，每组成一个新节点，便需要进行一次新的排序，尤其是当编码字符数量较多时，每次排序花费的时间也会变长，为了节省编码时间，提高编码效率，本章对 Huffman 树的构造过程进行了改进，编码存储流程如图 4-30 所示。

编码的具体过程如下：

（1）统计数据中各字符出现的频度或概率，并计算最大值与最小值的平均值。

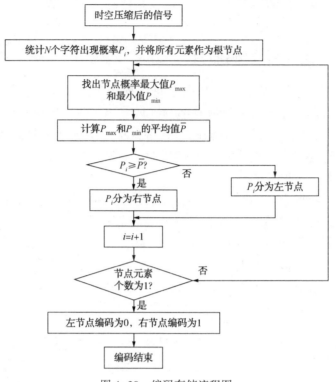

图 4-30 编码存储流程图

（2）将均值作为二叉树的根节点，并以此为分裂依据，将大于均值的字符作为右节点，小于均值的作为左节点。重复计算各左右节点中字符频度或概率最大值与最小值的平均值，以此为分裂节点不断构建左右节点，直到每个叶子节点中均只有一个字符为止。

（3）生成的哈夫曼树中，字符节点均为树的叶节点，对树中的每个左分支赋予 0，右分支赋予 1。

（4）从根节点到每个叶节点所经过的路径组合得到的码元序列即为相应字符的 Huffman 编码。

4.4.2 振动数据编码存储实验

Phase-OTDR 分布式光纤振动数据经过信噪分离和特征提取处理后，实现了信号的梯次精简。但梯次精简得到的剪切波系数在计算机中仍然是以双精度浮点数的方式保存，有进一步压缩的空间。本小节在梯次精简的基础上，采用物理压缩方法，利用字符序列出现概率的分布特性，对 Huffman 编码存储方式进行了改进，采用本书改进方法和传统的 Huffman 编码方法对梯次精简后得到的剪切波系数进行了编码存储，并对二者的存储效率进行了对比。

4.4.2.1 剪切波系数编码

梯次精简得到的部分剪切波系数如表 4-3 所示。从表 4-3 中可以看到剪切波系数一共包括 13 个字符，分别是：0 至 9 十位数字和小数点"."、负号"-"以及科学记数法符号"e"三位字符，对这 13 个字符出现的频度进行统计，得到结果如表 4-13 所示。

表 4-13　13 个字符出现频度统计表

字符	出现频度	字符	出现频度
0	384255	7	289142
1	432269	8	283170
2	311658	9	276629
3	296081	.	177843
4	291999	-	171093
5	339559	e	113026
6	340398		

通过表 4-13 可以看出，字符"1"出现的频度最高，其次是字符"0"，其他字符出现频度依次降低，字符"e"出现的频度最低。与此对应，字符"1"出现的概率最高，字符"e"出现的概率最低，根据 Huffman 编码的原理，字符"1"编码的位数应该最少，字符"e"的编码位数最多。

表 4-14 和表 4-15 展示了剪切波系数进行编码后的结果，剪切波系数最终将以二进制的方式进行存储。从两张表可以看出，字符编码后的位数最短为 3，位数最长为 5。在表 4-15 中，出现概率较大的字符"1"经过编码后得到的编码长度最短，编码位数为 3。出现概率较小的字符"e"经过编码后得到的编码长度最长，编码位数为 5。而本书编码方法为了提高编码效率，出现概率高的字符编码位数不一定最少，出现概率低的字符编码位数不一定最多。在表 4-14 中，可以看到出现概率较大的字符"1"经过编码后得到的编码位数为 4，出现概率较小的字符"e"经过编码后得到的编码最短，编码位数为 3。计算本书编码方法的加权路径长度为：$\sum_{i=1}^{13} \omega_i p_i = 14425146$，计算传统的 Huffman 编码方法的加权路径长度为：$\sum_{i=1}^{13} \omega_i p_i = 13616126$。

表 4-14　本书改进的编码方法生成的编码

字符	对应编码	字符	对应编码
0	1111	7	10000
1	1110	8	011
2	101	9	010
3	1001	.	0011
4	10001	–	0010
5	1100	e	000
6	1101		

表 4-15　传统 Huffman 编码方法生成的编码

字符	对应编码	字符	对应编码
0	010	7	1100
1	011	8	1010
2	1111	9	1001
3	1110	.	1000
4	1101	–	10111
5	000	e	10110
6	001		

4.4.2.2　编码存储效果评估

经过 Huffman 编码压缩后，用压缩比来对压缩效果进行评估。压缩比的计算公式为[52]：

$$CR = \frac{L_2 - L_1}{L_2} \times 100\% \qquad (4-27)$$

其中，L_1 表示压缩后的文件大小，L_2 表示压缩前的文件大小。

传统的哈夫曼树的构造过程中，每组成一个新节点，便需要进行一次新的排序，尤其是当编码字符数量较多时，每次排序花费的时间也会变长，为了节省编码时间，提高编码效率，本章对 Huffman 树的构造过程进行了改进。本章改进的 Huffman 编码方法和传统的 Huffman 编码方法的压缩效果对比如表 4-16 所示。

表 4-16　两种编码方法压缩效果对比表

评估指标	本章改进的 Huffman 编码方法	传统的 Huffman 编码方法
压缩比	29.39%	24.83%
压缩时间/s	8.961	10.248
解压时间/s	5.275	5.136

从两种编码方法编码所花费的时间对比可以看出，本章改进的方法在编码过程中由于构造 Huffman 树时所需要的时间更短，所以编码效率更高。这说明本章的编码方法有助于提高 Phase-OTDR 分布式光纤振动数据的存储效率。而在解码的过程中，由于不涉及构造 Huffman 树的过程，只需要对照编码表进行一一对应，所以两种编码方法所花费的时间几乎差不多。经过编码压缩后，梯次精简后得到的剪切波系数的存储空间降低了 29.39%，这表明剪切波系数经过编码后再存储可以进一步降低存储空间，从而提高空间利用率。

4.5　本章小结

本章讨论的内容主要是采集信号的特征提取。首先，通过两种方法对分布式光纤传感振动信号进行特征提取，并根据 Phase-OTDR 振动信号的特点对特征选取进行了改进。其次通过比较各类振动信号在不同算法上的特征提取情况，总结了每类信号特征情况。同时本章还进行了实验设计，用以验证本章所提出的特征提取方法的适用范围及有效与否。之后，在上述研究的基础上，本章对分布式光纤振动信号进行编码存储，在特征提取的基础上，对光纤振动进行编码压缩，进一步降低存储空间。

5 Phase-OTDR振动信号的识别方法

前面几章完成了对光纤振动信号的去噪与特征提取处理，本章将对处理后的光纤振动信号进行识别，根据不同的特征判断光纤振动信号的类别，实现光纤振动信号的识别分类与异常监测。

对分布式光纤信号进行识别的方法，其实质是将从信号中提取出的特征进行分类以达到识别的目的。由于在环境采集得到的目标信号量占比很少，但采集信号量多，同时信号复杂多变，在进行提取此类信号的特征后，这些特征依旧会保留上述性质。因此本章采用的实验数据具备数据结构较为简单、数据分布较不平衡、信号数量较多等特点。通过对文献的调查研究表明随机森林模型与BP神经网络等算法能够较为准确地对这种类型的信号进行识别，且模型结构较为简单。然而在外界环境中，目标信号的数据量远远小于整段光纤信号数据，单个分类模型的识别准确率较低。因此在采用单一分类器对信号分类时，其分类的准确率和效率还有更进一步的优化空间。为了提升信号识别的准确率，本章基于集成学习的思想，采用多分类器融合的方法提升分类模型的分类性能。

5.1 单分类器分类模型

5.1.1 随机森林分类模型

随机森林分类算法的核心思想是将多棵由样本子集训练产生的决策树进行组合来提升算法整体的分类准确性，其原理如图 5-1 所示。具体的实现步骤如下[37]：

（1）基于 bootstrap 重抽样方法随机选取训练集，选定 k 个训练集 θ_1,

θ_2，…，θ_k，设置随机森林中的参数，对这 k 个训练集分别训练可产生对应的决策树 $\{T, (x, \theta_1)\}$，$\{T, (x, \theta_2)\}$，…，$\{T, (x, \theta_k)\}$，这 k 个决策树就形成一个随机森林。

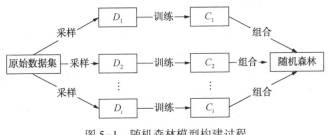

图 5-1 随机森林模型构建过程

（2）假设输入样本的维数是 M，则从这 M 维特征中任意选取 m 个特征作为当前节点的分裂标准。一般来说，m 值的大小是根据输入样本的维数确定的，一旦确定值 m 后，在形成随机森林的整个过程中将保持不变。

（3）对每个决策树都不限制树的深度，使其得到最大程度的生长。

（4）统计与整理每一个决策树进行分类的结果，最后模型产生的分类结果通过多棵决策树进行投票决定，其分类投票规则如下：

$$G(x) = \arg\max \sum_{i=1}^{k} I(g_i(x) = Y) \tag{5-1}$$

其中，$G(x)$ 是总分类器。$g_i(x)$ 是 $G(x)$ 中第 i 个子分类器，Y 是信号类别，$I(g_i(x) = Y)$ 是分类规则中对应的函数。

5.1.2 BP 神经网络分类模型

深层神经网络模型是根据大脑的神经元联结结构进行数学建模而产生的一种模型，其目标在于利用已有的数据进行模型的训练，最后根据给定的输入而计算出针对某一类问题的输出，得到需要的结果[39]。其中，BP 神经网络算法是深层神经网络中的一种算法，通过对信号进行正向传播，信号会在输入层、隐藏层以及最后的输出层中的每一层进行运算，再通过将输出层运算出的结果和初始值之间的误差进行反向传播，这个误差会被用于调整整个神经网络中各个具备参数的计算层中的权重与阈值，致使算法模型的分类结果在这个过程中不断趋近于真实值[39]。

本章选取三层 BP 神经网络作为构建模型，根据第 4 章对特征提取的研究，选取信号能量（E）、信号占空比（$AMPR$）、短时过电平率（Z）、峰均比（PAR）、峰度系数（$KURT$）、主次峰之比（$RATIO$）、长短窗之比（STA）、偏度系数（$SKEWNESS$）、频带宽度（FRE_range）、中心频率（FRE_center）、自相关峰度(ACF_kurt)和自相关偏度($ACF\_skewness$)等 12 个特征，将其作为本章所构建的特征向量，X_1，X_2，$\cdots X_n$ 代表了 n 个输入，ω_{ij} 代表了输入权值，ω_{jk} 代表了输出权值，Y_i 代表了输出。输入的特征维数与输入端的数量相对应，因此 $x=12$ 即为输入层的神经元数量，但由于每一个神经元有且仅有一个输出，通过对不同种类的信号进行标注，可以得到共有 3 种信号的类别需要输出，因此 $Y=3$ 即为输出层中的神经元数量，设置中间隐藏层的神经元数量为 6，使用不同种类的信号进行模型的训练，算法的结构如图 5-2 所示。

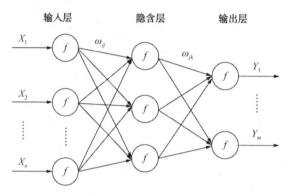

图 5-2　BP 神经网络结构图

5.1.3　AdaBoost 分类模型

AdaBoost 是一种集成学习算法，这种算法是通过一定的方式把数个分类效果较差的分类器模型融合生成一个分类效果较好的分类器，在使用该算法时，需要将振动信号在每个弱分类器中的识别情况进行总结归纳，以用于在优化过程中对不同分类器进行权重的更新[26]。在某个分类器对输入的识别效果较好时，就会将其相应的权重减少以放缓后续训练对其的影响，反之，当某个分类器对输入的识别效果越差时，就会将其权重增加，多次训练分类错误的样本，提升该样本的识别准确率。其分类流程如下：

（1）假设训练样本集 T，对样本进行初始化并赋予相应的权重，计算公式如下：

$$\omega_l(i)=\frac{1}{n},\ i=1,\ 2,\ \cdots,\ N \tag{5-2}$$

（2）使用该方法对训练集进行 m 次实验，根据输入的权对弱分类器 $h_m(x)$ 重新进行训练，对弱分类器的权重 α_m 进行计算，计算公式如下：

$$\alpha_m=\frac{1}{2}\ln\left(\frac{1+r_m}{1-r_m}\right) \tag{5-3}$$

式中，r_i 表示训练样本矩阵。

（3）更新其样本权重，计算公式如下：

$$w_i^{m+1} = w_i^m \exp\left[-\alpha_t y_i h_m(x_i)\right]/Z_m \tag{5-4}$$

式中，Z_m 为归一化因子。

（4）根据不同弱分类器对样本的训练情况，确定分类器的权重，采用级联或并联方式对多个分类器进行组合，得到强分类器，其表达式下：

$$f(x) = \sum_{m=1}^{M} a_m h_m(x) \tag{5-5}$$

本章基于集成学习中的投票法，对投票表决得到的不同输出结果进行总结，得到的最终结果即为 AdaBoost 模型最终的识别结果。其结构如图 5-3 所示。

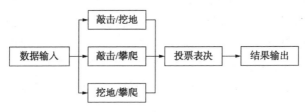

图 5-3　AdaBoost 分类结构图

5.2　基于分类器融合的 RF-BP-AdaBoost 多模型

在实际环境中，异常事件不是持续发生，不同异常事件产生的振动信号是间断的，而对于 Phase-OTDR 振动信号的检测却是连续的，采集得到的目标信号量包含很多背景或设备的噪声，而真正要识别的信号占比很少，因此在一段完整的分布式光纤振动信号中，目标信号的样本数并不充足，因此上述分类模型对样本数不多的信号进行识别时，单一模型的识别准确率不高，并不能满足实际应用中信号识别的要求。为了提升模型对信号识别的准确率，本章基于集成学习的思想，采用多分类器融合的方法提升分类器的分类性能。

5.2.1　多分类器融合原理

多分类器融合方法主要有两种，包括级联方式和并联方式[33]。采用级联方式中每个分类器的分类结果必然会互相干扰，影响信号识别的结果。而并联方式中，各个分类器的训练是相互独立的，训练结果互不干扰。因此，本章基于分类器并联方式，对随机森林、BP 神经网络和 AdaBoost 分类器采用不同融合方法，构建满足实际应用的振动信号识别分类模型。多分类器并联的融合体系结构如图 5-4 所示。

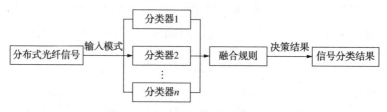

图 5-4　分类器并联融合体系结构

本章基于分类器并联方式，通过加权投票的方式对随机森林、BP 神经网络和 AdaBoost 分类器进行融合。当不同种类的样本数据通过该分类模型进行分类时，首先选用单分类器来分类每类样本，然后使用投票的方法对其分类结果进行后续处理，得到最终的分类结果。其主要过程如下：

（1）设置敲击、挖地、攀爬信号的标签，设置分类识别的样本，并对两个样本间添加一个分类器，共 3 个分类器，类别标签如表 5-1 所示。

（2）将上文提取出的特征向量输入到随机森林，三层 BP 神经网络，和基于集成学习的 AdaBoost 分类器进行分类，训练模型，将其输出定义为 y_{rf}、y_{bp} 和 y_{ada}。

（3）统计各个分类器对于不同信号的识别精度，根据其精度确定不同类型的权值，当分类器对信号识别的准确率越高，则将越大的权值赋予该分类器，并预先设定所有分类器在对同一振动信号进行分类时的权值总和为 1。

（4）将测试样本输入分类器中并统计各个分类器对该样本分类的结果和权值。

表 5-1　信号类别标签

项目	敲击信号	挖地信号	攀爬信号
标签	1	2	3

5.2.2　实验结果对比

分类流程确定后，主要采用准确率（accuracy）这一指标来对上述分类模型的效果进行评估，它表示分类结果中被正确分类的比例，是进行分类模型评估时的一个常用指标。其计算公式如下：

$$accuracy = \frac{N_1}{N_2} \times 100\% \qquad (5-6)$$

其中，N_1 表示样本中被正确分类的样本数，N_2 表示样本总数。

首先，将压缩前的三类振动信号分成 8 份，每次随机选取 7 份作为训练集进行随机森林分类模型训练，剩下一份作为测试集。根据第 4 章的特征提取方法，选取信号特征数量为 12，分别采取随机森林、BP 神经网络和 Ada-Boost 方法以及多分类器融合的方法进行 8 组实验，将 8 组实验的平均结果作为最终结果最终得到的信号识别结果。

采用随机森林方法，每组实验对三类信号的平均识别准确率如表 5-2 所示。

表 5-2　随机森林分类模型准确率统计表

实验组号	分类准确率	实验组号	分类准确率
1	90.13%	5	89.59%
2	92.86%	6	93.29%
3	91.93%	7	90.12%
4	91.87%	8	91.63%

采用随机森林方法，对不同信号识别结果如表 5-3 所示。

表 5-3　随机森林三类信号识别结果

类型	识别准确率	类型	识别准确率
敲击	92.13%	攀爬	88.43%
挖地	90.15%		

通过表中数据可以得到，使用随机森林方法进行识别分类的结果较为一般，其平均识别准确率约为 91.43%，尤其对敲击信号的识别准确率高，但对攀爬信号的识别准确率较低。

采用 BP 神经网络方法，每组实验对三类信号的平均识别准确率如表 5-4 所示。

表 5-4　BP 神经网络分类模型准确率统计表

实验组号	分类准确率	实验组号	分类准确率
1	93.53%	5	93.23%
2	91.86%	6	92.24%
3	92.07%	7	92.15%
4	89.59%	8	94.37%

采用 BP 神经网络方法，对不同信号识别结果如表 5-5 所示。

表 5-5　BP 神经网络分类模型三类信号识别结果

类型	识别准确率	类型	识别准确率
敲击	90.62%	攀爬	93.93%
挖地	92.59%		

从表 5-5 中可知，BP 神经网络的平均识别准确率为 92.38%，较于随机森林方法有了一定提升。BP 神经网络对敲击信号的识别准确率低于随机森林方法，但对攀爬事件的识别精度有了一定程度提升。

采用 AdaBoost 方法，每组实验对三类信号的平均识别准确率如表 5-6 所示。

表 5-6　AdaBoost 分类模型准确率统计表

实验组号	分类准确率	实验组号	分类准确率
1	90.01%	5	93.02%
2	90.86%	6	90.24%
3	91.83%	7	91.35%
4	88.47%	8	93.26%

采用 AdaBoost 方法，对不同信号识别结果如表 5-7 所示。

表 5-7　AdaBoost 分类模型三类信号识别结果

类型	样本数量	识别准确率
敲击	50	91.06%
挖地	50	92.15%
攀爬	50	90.18%

从表 5-7 中可知，AdaBoost 的平均识别准确率为 91.13%，比随机森林方法和 BP 神经网络的识别准确率较低。

针对样本 x，$f_{rf}(x)$、$f_{bp}(x)$ 和 $f_{ada}(x)$ 表示分别用于上述三种分类器输出的结果，通过实验得到单分类器对各类振动信号的识别效果，并确定每个分类器的权重，识别的正确率越高，对应的分类器权重越大。

由于单一模型的识别准确率存在局限性，并不能满足实际应用中信号识别的要求。为了提升信号准确率，本章基于集成学习的思想，采用多分类器融合的方法提升分类器的分类性能，设计 RF-BP、BP-AdaBoost、和 RF-BP-AdaBoost 三种融合模型，在使用 RF-BP-AdaBoost 分类模型时，依据不同分类器对振动信号识别的准确率设置分类器对该种信号的权重，对权重设定的具体数值如表5-8所示。

表5-8　权重设定表

实验组号	敲击信号	挖地信号	攀爬信号
随机森林	0.5	0.2	0.2
BP 神经网络	0.3	0.4	0.5
AdaBoost	0.2	0.4	0.3

RF-BP、BP-AdaBoost、和 RF-BP-AdaBoost 这几种不同的分类模型，对不同信号进行识别的效果也不尽相同，它们对不同信号的识别结果如表5-9所示。

表5-9　多分类器融合结果

分类器类型	敲击信号	挖地信号	攀爬信号
RF+BP	95.57%	93.21%	93.47%
BP+AdaBoost	94.36%	94.69%	95.83%
RF+BP+AdaBoost	97.12%	95.46%	96.35%

通过观察表5-9可得出，这三种不同的模型融合方式，它们的平均识别准确率均达到了93%以上，其中对于敲击信号的识别准确率均在94%以上。由该表看出，对信号识别的准确度由于采用融合方法不同也存在一定的差异。对于攀爬类型信号的识别，随机森林算法与 BP 神经网络所得到的准确率与预期相比较低。BP 神经网络与 AdaBoost 融合模型对于三类信号识别的准确率都有了一定程度的提高，随机森林、BP 神经网络与 AdaBoost 融合模型对信号识别的准确率最高，且对敲击信号的平均识别准确率达97.12%。

将 RF-BP-AdaBoost 模型与随机森林、BP 神经网络模型和 AdaBoost 模型分类结果进行对比，其结果如表5-10和图5-5所示。

表5-10　不同分类器结果对比

类型	敲击信号	挖地信号	攀爬信号
RF-BP-AdaBoost 随机森林	97.12% 92.13%	95.46% 90.15%	96.35% 88.43%
BP 神经网络	90.62%	92.59%	93.93%
AdaBoost	91.06%	92.15%	90.18%

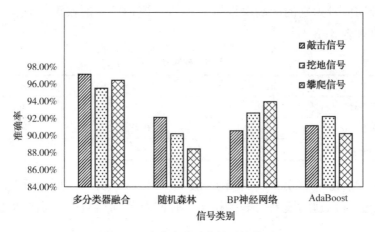

图 5-5 多分类器融合结果柱状图

由表 5-9 可得出，与单个分类器相比，融合后的多分类器在对信号进行识别的准确率上得到了提升，并且同时提升了各个类型信号的识别精度，尤其针对于平均识别准确率较低的攀爬类型从 88% 提升到 96% 左右。由此可见，在分布式光纤信号识别的任务中使用本书提出的随机森林-BP 神经网络-Ada-Boost 多分类器融合的方法具有有效的提升，该方法具备有效性。

5.3　本章小结

本章首先介绍了随机森林、BP 神经网络以及 AdaBoost 分类器的原理，并分析其各自的优点。采用 RF-BP-AdaBoost 的多分类器融合的方法与其他分类器融合方法和单一分类器方法作对比试验，实验结果证实，本书提出的 RF-BP-AdaBoost 多分类器融合模型得到了 96.31% 的分类精度平均值，且其对不同种类信号类型进行识别所测得的精度均在 95% 左右，明显高于单分类器和其他融合类型，可应用于实际场景中，对复杂环境下异常信号的识别有一定意义。

6 Phase-OTDR振动信号的异常监测方法研究

近年来分布式光纤传感器技术发展迅猛，各类光纤传感设备逐渐完善，各领域的工程应用越来越广泛，可以用于分析分布式光纤传感信号的各类算法也日益成熟，这为本章的信号处理与负载异常的监测提供了很大程度的研究基础。借助于当代计算机硬件优秀的运算能力，一些较为复杂的数字信号处理方法可以较好地应用于实际系统。

上一章对光纤传感振动信号类型进行识别，在此基础上，本章对识别到的异常信号进行监测，在生产生活中这也是重要的。对异常信号进行监测，能够及时发现监测系统异常，提前预警，方便决策人员做出准确决策。本章主要研究信号的负载异常，包括模态参数异常与累计负载异常。

6.1 模态参数异常判断

当外界环境发生改变，分布式光纤采集系统采集到的光纤振动信号发生变化，反映在结构动力特性的模态参数都会随之发生相应的变化。本章利用上一章处理提取到的信号特征，对信号特征进行模态参数研究，实现信号异常点的监测。

将原始二维信号经过本书前述的降噪处理后可用于模态参数异常分析。其主要过程为：(a)将振动信号分解成多阶模态；(b)对各模态进行模态参数识别，以此得到基础频率信息；(c)将测得的模态参数与预先的记录值作距离计算；(d)将数据点间距离与设定的阈值比较以确定是否异常；(e)利用 Phase-OTDR 振动信号数据结构特性实现异常的定位。通过上述分析过程可实现模态参数异常与其所在位置的结果输出。分析流程示意图如图 6-1 所示。

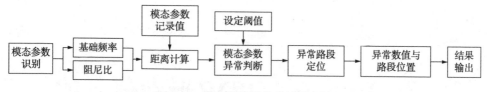

图 6-1　模态参数异常分析示意图

本书采用了非平稳环境激励结构模态参数识别方法，以进一步实现外界环境、结构异常识别。在完成信号特征提取之后，对提取到的特征而在进行一定处理后用于结构模态参数识别。

这里对各特征的空间轴 y 以空间分辨率的整数倍进行递增赋值，得到各空间轴上 m 点处的振动信号。将得到的振动信号特征用 $c_k(t)$ ($k=1$，2，…，n) 表示 m 点处结构的第 k 阶模态。其中 $x=f_s \cdot t$，f_s 为采样频率。则根据单自由度结构体系受激振动[57]，$c_k(t)$ 可表示为：

$$c_k(t) = A_{0k} e^{\xi_k(t)\omega_{0k}(t)t} \cos[\omega_{dk}(t)t + \varphi_{0k}] \tag{6-1}$$

其中 A_{0k} 与 φ_{0k} 为常数，$\omega_{0k}(t)$ 为角频率，$\omega_{dk}(t)$ 为基础频率，$\xi_k(t)$ 为阻尼比。由式 (6-1) 可得幅值函数与相位函数，而对其微分求解后可得：

$$\begin{cases} \omega_{0k}(t) = \dfrac{\mathrm{d}[\omega_{dk}(t)t + \varphi_{0k}]}{\mathrm{d}t} \\ \xi_k(t) = \sqrt{\dfrac{\lambda^2}{1+\lambda^2}}, \quad \lambda = \dfrac{\mathrm{d}\{\ln[A_{0k}e^{\xi_k(t)\omega_{0k}(t)t}]\}}{\mathrm{d}t} \cdot \dfrac{1}{\omega_{dk}(t)} \end{cases} \tag{6-2}$$

构造希尔伯特变换解析信号 $C_k(t) = c_k(t) + iH[c_k(t)] = A_{0k}e^{\xi_k(t)\omega_{0k}(t)t+i\varphi(t)}$，可得方程组：

$$\begin{cases} A_{0k}^2 e^{\xi_k(t)\omega_{0k}(t)t} = c_k^2(t) + H^2[c_k(t)] \\ \omega_{dk}(t)t + \varphi_{0k} = \arctan\left(\dfrac{H[c_k(t)]}{c_k(t)}\right) \end{cases} \tag{6-3}$$

则根据式 (6-3) 可得结构模态参数的基础频率 $\omega_{dk}(t)$ 与阻尼比 $\xi_k(t)$。此时获得的基础频率与阻尼比无法直接用于与初始记录值进行比对，可进行均值处理。设 t_1 到 t_2 时间段的基础频率与阻尼比分别为 ω_{t1-t2} 与 ξ_{t1-t2}，则有：

$$\begin{cases} \omega_{t1-t2} = \dfrac{1}{t_2 - t_1} \cdot \displaystyle\int_{t1}^{t2} \omega_{dk}(t)\,\mathrm{d}t \\ \xi_{t1-t2} = \dfrac{1}{t_2 - t_1} \cdot \displaystyle\int_{t1}^{t2} \xi_k(t)\,\mathrm{d}t \end{cases} \tag{6-4}$$

若基础频率与阻尼比初始记录值为 ω_0 与 ξ_0，则根据欧式距离公式，可得异常结果输出 R_a：

$$R_a = \begin{cases} 1, & p\,(\omega_{t1\text{-}t2}-\omega_0)^2 + q\,(\xi_{t1\text{-}t2}-\xi_0)^2 \geqslant H \\ 0, & p\,(\omega_{t1\text{-}t2}-\omega_0)^2 + q\,(\xi_{t1\text{-}t2}-\xi_0)^2 < H \end{cases} \tag{6-5}$$

其中 p，q 分别基础频率与阻尼比的计算权重，为根据实际确定的定值，H 为阈值，需根据实际情况调整。而对于异常位置的输出，按光纤被监测系统一维布设，异常点 P_y 可根据 $P_y = y \cdot R$ 得出，其中 y 为不同特征的空间轴 y 进行连续赋值时的对应值，R 为当前采集数据的空间分辨率。

6.2　累计负载异常判断

累计负载分析的目的在于对监测系统的累计负载强度进行监测。因为持续的受迫振动超过了物体本身材质结构所容许的阈值时通常会对系统本身产生破坏[53]，特别是在系统某些部分由于负载过高会遭到相比其他部分更为严重的破坏，所以需要分析累计负载来评估系统本身的负载强度，并找出强度过高的部分，对系统的护养起到参考作用。

基于上述原因，当某系统的累计负载高于其他部分时，判断该部分系统存在负载异常。累计负载异常分析的主要过程为：（a）将降噪后的信号进行短时傅里叶变换，在频域上展开；（b）在空间轴上将信号分段标记，借助振幅、频率、功率谱分析得出短时间内负载强度并进行标准化处理；（c）将各路段负载强度在时间上进行积分，得出各空间段累计时间内的累计负载强度；（d）利用 Z-Score 标准化处理，找出累计负载强度异常的空间段；（e）利用空间轴的分段标记进行异常负载强度路段的定位。通过上述分析过程可实现高强度负载部分的位置与异常程度的结果输出。累计负载异常分析示意图如图 6-2 所示。

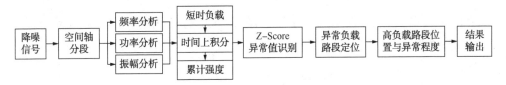

图 6-2　累计负载异常分析示意图

本章对累计负载强度的分析从三个方面出发：平均功率、振幅与频率。

在平均功率、振幅与频率的求解上，这里在空间轴以空间分辨率的整数倍进行递增赋值，把降噪后的二维信号按空间轴分割，从而变成处理空间轴

上 m 处的一维普通信号。由于得到的信号数据是离散的，根据连续功率信号 $x(t)$ 的平均功率计算公式 $P=\lim\limits_{T\to\infty}\dfrac{1}{T}\int_{-\frac{T}{2}}^{\frac{T}{2}} x^2(t)\mathrm{d}t$，可得原信号空间轴上 m 处的一维离散信号 $x_m(n)$ 在时间轴 $[n_1, n_2]$ 上的平均功率 $\overline{P_m}$ 为：

$$\overline{P_m}=\frac{1}{n_2-n_1}\sum_{n=n_1}^{n_2} x_m^2(n) \tag{6-6}$$

平均幅值 $\overline{A_m}$ 为：

$$\overline{A_m}=\frac{1}{n_2-n_1}\sum_{n=n_1}^{n_2} x_m(n) \tag{6-7}$$

根据离散傅里叶变换则有幅值频谱 $A_m(k)$：

$$A_m(k)=\sum_{n=0}^{N-1} x(n)\cos\left(\frac{2\pi kn}{N}\right) \tag{6-8}$$

而根据现有的研究表明[54-55]，当外界对结构施加的受迫振动频率越接近结构的共振频率时，越容易对结构产生破坏。而共振频率受结构阻尼影响[56]，其值比基础频率要小，约等于基础频率。这里将平均幅值处对应的频率值与基础频率作比较，因此将 $A_m(k)=\overline{A_m}$ 代入式（6-8），解得 $k=k_a$，则可得平均幅值对应频率 ω_a：

$$\omega_a=\frac{f_s \cdot k_a}{N} \tag{6-9}$$

其中 f_s 为采样频率，N 为最大采样点数。这里以模态参数异常中的基础频率记录值 ω_0 作为参考值，构造一个以 $|\omega_a-\omega_0|$ 为自变量的减函数，以此获得材料频率负载的指标，设该指标为 F_m，则可构造为：

$$F_m=\frac{s}{|\omega_a-\omega_0|+s} \tag{6-10}$$

其中 s 为常数。至此获得了空间轴上 m 处的平均功率、振幅与频率指标分别为 $\overline{P_m}$，$\overline{A_m}$，F_m。对上述三个数值做 Z-score 标准化处理，有 Z-score 标准化[58]公式为：

$$z=\frac{x-\overline{x}}{\sqrt{\dfrac{1}{N}\sum_{i=1}^{N}(x-\overline{x})^2}} \tag{6-11}$$

其中 x 为原始数值，$\overline{x}$ 为原始数值的历史平均值，N 为历史数值个数。将 $\overline{P_m}$，$\overline{A_m}$ 在固定时间段进行积分后分别代入式（6-11）中的 x，可得均值为 0 标准差为 1 的两个对应的标准化数值 z_P，z_A，设有阈值为 H，则有负载强度异常结果输出 R_L：

$$R_L = \begin{cases} 1, & F_m(a \cdot z_P + b \cdot z_A) \geqslant H \\ 0, & F_m(a \cdot z_P + b \cdot z_A) < H \end{cases} \qquad (6-12)$$

其中 a，b，c 分别为平均功率、振幅与频率归一化数值的计算权重，异常点 P_y 的值与模态参数异常判断中的异常点计算方式相同，即可根据 $P_y = y \cdot R$ 得出。

6.3　本章小结

本章针对 Phase-OTDR 振动信号数据的二维分布特性，在信号特征提取的基础上，对信号进行异常监测，主要针对模态参数异常和累计负载异常进行研究。本章分析得到的模态参数异常与累计负载异常的判断方法，为后续的系统设计与实现奠定了基础。

7 结论与展望

7.1 结论

随着科技的发展，人们对周界安防系统的要求不断提高，及时发现环境中本不应存在的异常行为并对其类型进行诊断，对重点设备和区域监控的保护有一定实际意义和应用价值。本书以 Phase-OTDR 振动信号作为研究对象，通过对信号进行预处理、信噪分离、特征提取与存储与特征分类与异常识别，完成对光纤振动信号的处理。主要内容如下：

（1）Phase-OTDR 振动信号的预处理

根据光纤振动信号的分布特性，提出基于模拟通道的 EEMD-FastICA 的 Phase-OTDR 信号去噪方法，以典型的光纤振动信号为例，对信号进行数据归一化、信号预加重、信号分帧处理以及相关系数分帧处理，并对信号进行时域频域特征的分析，对各个类别信号在幅度值与频率上的特点进行总结，比较信号之间的差异，对信号的特征提取提供支持。

（2）探究分布式光纤传感振动信号的多种信号去噪效果

首先提出了 EEMD-FastICA 光纤振动信号去噪方法，并将该方法与小波去噪法、EEMD 去噪法、FastICA 去噪法进行比较，验证该方法更适用于分布式光纤振动信号的去噪。之后，提出基于模拟退火寻优的 Ostu 信噪分离方法，根据敲击信号的二维时空分布特性，用模拟退火算法选取分离阈值，完成了基于模拟退火寻优的 Ostu 信噪分离处理。最后，提出基于 BEMD 的 Phase-OTDR 信号去噪方法，针对分布式光纤传感振动信号的分布特性，结合图像处理的相关研究算法，对 BEMD 算法进行一定的针对性改进，提出适合光纤传感振动信号的二维去噪方法。

（3）Phase-OTDR 振动信号的特征提取与存储

本书提出两种信号特征提取算法。第一种是采用 harr 小波对振动信号进行了水平和垂直方向上的两级二维小波分解，通过保留各分量系数的较大值完成振动数据的特征提取。同时，根据振动信号的二维时空分布特性，采用 Shearlet 变换对振动信号进行了多尺度和方向局部化剖分，通过频带选取和系数选取完成了基于改进 Shearlet 的时空特征提取。第二种算法提出了结合时域、频域、和改进自相关的多维特征提取方法，根据各类信号特征的取值，总结了每类信号的特征情况。建立随机森林分类模型对提取出的新特征和对照特征进行实验，证明新特征能更有效表征信号。最后，本文利用数据编码的方式对处理后的信号进行存储，进一步降低存储空间，实现最大化的数据存储效率。

（4）Phase-OTDR 振动信号的识别

针对 Phase-OTDR 振动信号数据分布不平衡且数据庞大且目标信号数据量较少的特点，基于集成学习的思想，选取随机森林模型、BP 神经网络模型和 AdaBoost 分类模型进行融合的 Phase-OTDR 分布式光纤信号的识别方法。按照加权投票的方式对分类器进行融合，并与单一分类器分类方法进行对比实验，实验表明 RF-BP-AdaBoost 分类模型对振动信号的识别有较好的效果。

（5）Phase-OTDR 振动信号的异常监测方法研究

分布式光纤传感振动信号是典型的非平稳信号，本书在光纤振动信号分类识别的基础上，对信号的异常进行识别监测，主要完成信号的模态参数异常与累计负载异常监测，对提高周界安防系统中异常事件的诊断效率，重点设备和区域的监控保护有一定实际意义。

7.2　展望

本书主要针对分布式光纤传感振动信号开展研究，从本书的实验结果可以看出，本书提出的信号去噪方法、特征提取与存储方法以及信号分类识别的方法在光纤振动信号上取得了较好的结果，具有一定的研究价值。但是，仍然可以从以下方面进行改进：

（1）本书提出的基于剪切波变换的时空特征提取方法运算过程较为复杂，在特征提取过程中需要花费更多的时间，和二维小波变换相比，压缩效率较低。同时，本书所比较的特征提取方法较少，在效果对比实验中，仅和二维小波变换的特征提取方法进行了对比，其实可能有更适合分布式光纤信号的特征提取方法。因此，在下一步的工作中，首先可以对剪切波变换过程中某些运算进行改进优化，进一步提升其计算效率。

（2）本书提出的Phase-OTDR振动数据的相关处理仅对有限类型的振动信号进行了实验处理，随着分布式光纤传感技术在各个领域的普及和应用，系统所采集的信号种类也将越来越多，对于其他种类的光纤信号本文方法可能并不适用。同时，采集的信号规模也会越来越大。因此，在下一步工作中，可以对温度、应变等其他种类的光纤振动信号展开研究。

本书关于分布式光纤振动数据的研究虽然存在很大的改进空间，但是能够对二维分布式光纤信号进行存储与识别，具有一定的实用价值。希望后续能够针对分布式光纤信号的二维结构展开更深入的研究，从而满足分布式光纤传感系统对信号实时识别与监测的需求，使其充分发挥优势与作用。

参 考 文 献

[1] 徐世昌. 分布式光纤周界安防系统设计及关键技术研究[D]. 华中科技大学, 2017.

[2] 王辰, 刘庆文, 陈典, 等. 基于分布式光纤声波传感的管道泄漏监测[J]. 光学学报, 2019, 39(10).

[3] 谢孔利. 基于Φ-OTDR的分布式光纤传感系统[D]. 电子科技大学.

[4] 尚静, 杨德伟, 李立京, 等. 小波阈值降噪法在Φ-OTDR扰动传感系统中的应用[J]. 现代电子技术, 2012, 35(17): 3.

[5] 钟翔, 张春熹, 林文台, 等. 基于小波变换的光纤周界定位系统[J]. 北京航空航天大学学报, 2013(3): 5.

[6] Li L, Zhu Y, Wang N, et al. Analysis and Experimental Study on Multi-channel Optical Fiber Fabry-Perot Demodulation System[J]. Acta Photonica Sinica, 2013.

[7] 王均荣. 基于EMD与1D全变分的地震信号去噪[J]. 四川理工学院学报: 自然科学版, 2014, 27(3): 5.

[8] 杨会. 基于Curvelet变换的地震资料噪声压制研究[D]. 东华理工大学.

[9] 白文平, 刘宗昂, 鲁加国. 基于小波和独立成分分析的去噪自适应算法[J]. 海军航空工程学院学报, 2018, 33(04): 351-355+388. 陈雨佳. 基于多维特征的振源识别算法研究[D]. 北方工业大学, 2016.

[10] 饶云江, 吴敏, 冉曾令, 等. 基于准分布式FBG传感器的光纤入侵报警系统[J]. 安防科技, 2007(6): 5.

[11] Zhu Hui, Pan Chao, Sun Xiaohan. Vibration pattern recognition and classification in OTDR based distributed optical-fiber vibration sensing system[J]. Southeast Univ. (China); Institut für Photonische Technologien e. V. (Germany); North Carolina State Univ. (United States); Fraunhofer IKTS-CMD(Germany), 2014, 9062: 吴勇. 基于小波的信号去噪方法研究[D]. 武汉理工大学, 2007.

[12] Mahmoud SS, Katsifolis J. Robust event classification for a fiber optic perimeter intrusion detection system using level crossing features and artificial neural networks[J]. Proceedings of SPIE - The International Society for Optical Engineering, 2010, 7677.

[13] Shi Y, Feng H, An Y, et al. Research on wavelet analysis for pipeline pre-warning system based on phase-sensitive optical time domain reflectometry[C]//IEEE/ASME International Conference on Advanced Intelligent Mechatronics. IEEE, 2014.

[14] Chen B, Cheng X. Abnormal events recognition and classification for pipe-line moni-

toring systems based on vibration analysis and artificial neural net-works [J]. The Journal of theAcoustical Society of America, 2013, 133.

[15] Sun Q, Feng H, Zeng Z. Recognition of optical fiber pre-warning system based on image processing[J]. Optics and Precision Engineering, 2015, 23(2):

[16] 毕福昆, 吕雷, 李雪莲. 基于信号时频关联分析的光纤入侵振源识别算法[J]. 北方工业大学学报, 2016, 28(3): 6.

[17] Huang Y, Wang Q, Shi L, et al. Underwater gas pipeline leakage source localization by distributed fiber-optic sensing based on particle swarm optimization tuning of the support vector machine[J]. Applied Optics, 2016, 55(2): 242.

[18] Wu H, Zhang W, Xu J, et al. Massive data compression in long-distance distributed optical fiber sensing systems[C]// Asia-pacific Optical Sensors Conference. 2016.

[19] Xu C, Guan J, Ba O M, et al. Pattern recognition based on enhanced multifeature parameters for vibration events in Phase-OTDR distributed optical fiber sensing system [J]. Microwave & Optical Technology Letters, 2017, 59(12): 3134-3141.

[20] 付群健. 分布式光纤振动传感系统模式识别方法研究[D]. 吉林大学, 2019.

[21] Qu H, Feng T, Zhang Y, et al. Ensemble Learning with Stochastic Configuration Network for Noisy Optical Fiber Vibration Signal Recognition[J]. Sensors, 2019, 19 (15): 3293.

[22] Wang X, Liu Y, Liang S, et al. Event Identification Based on Random Forest Classi-fier for Phase-Sensitive OTDR Fiber-Optic Distributed Disturbance Sensor [J]. Infrared Physics & Technology, 2019, 97: 319-325.

[23] 盛媛媛, 刘俊承, 金佳颖, 等. 光纤传感器振动信号特征提取研究[J]. 光电技术应用, 2015, 30(6): 6.

[24] 陈强, 黄声享, 王韦. 小波去噪效果评价的另一指标[J]. 测绘地理信息, 2008, 33(5): 13-14.

[25] 姚媛媛. 分布式光纤传感系统的振动信号识别研究[D]. 北京交通大学.

[26] 郑继明, 王劲松. 语音基音周期检测方法[J]. 计算机工程, 2010, 36(10): 3.

[27] Xu J, Wu H, Xiao S. Distributed intrusion monitoring system with fiber link backup and on-line fault diagnosis functions[J]. Photonic Sensors, 2014, 4(4): 354-358.

[28] 郭继坤, 兰沂梅, 李剡. 煤矿井下 R-OTDR 光纤 EEMDMAF 去噪算法研究[J]. 吉林大学学报: 信息科学版, 2019(2): 7.

[29] 杨竹青, 李勇, 胡德文. 独立成分分析方法综述[J]. 自动化学报, 2002, 28 (5): 11.

[30] 魏然. 分布式埋地光纤敲击信号识别方法研究[D]. 北京邮电大学, 2018.

[31] 刘娜, 胡燕祝. Phase-OTDR 振动数据的梯次精简研究[J]. 2020.

[32] 覃晓, 元昌安, 邓育林, 等. 一种改进的 Ostu 图像分割法[J]. 山西大学学报:

自然科学版，2013（04）：530-534.

[33] Xu J，Wu H，Xiao S. Distributed intrusion monitoring system with fiber link backup and on-line fault diagnosis functions［J］. Photonic Sensors，2014，4(4)：354-358.

[34] Wan H，Deng H，Xie X，et al. An Adaptive Compressed Sensing Algorithm of Optical Fiber Pipeline Pre-warningData［J］. International Journal of Future Generation Communication and Networking，2013，6(4)：167-180.

[35] Pingjuan N I U，Xueru M A，Run MA O，et al. Research on UAV image denoising effect based on improved Wavelet Threshold of BEMD［C］//Journal of Physics：Conference Series. IOP Publishing，2020，1437(1)：012032.

[36] An F P，Lin D C，Li Y A，et al. Edge effects of BEMD improved by expansion of support-vector-regression extrapolation and mirror-image signals. Optik，2015，126（21）：2985-2993.

[37] Ortiz Morales F A，Cury A A. Analysis of thermal and damage effects over structural modal parameters［J］. Structural engineering and mechanics：An international journal，2018，65(1)：43-51.

[38] 张娜. 基于小波分析的网格结构信号预处理和去噪研究［D］. 南昌大学，2019.

[39] 张啸. 分布式光纤传感信号的稀疏性表示及压缩方法［D］. 电子科技大学，2018.

[40] Chen Z，Wang Y，Wu J，et al. Sensor data-driven structural damage detection based on deep convolutional neural networks and continuous wavelet transform［J］. Applied Intelligence，2021(3).

[41] 丁奕宁. 基于二维小波的花朵图像识别［D］. 云南大学，2019.

[42] Ren K，Song C，Miao X，et al. Infrared small target detection based on non-subsampled shearlet transform and phase spectrum of quaternion Fourier transform［J］. Optical and quantum electronics，2020，52(3)：168. 1-168. 15.

[43] 张承泓，李范鸣，吴滢跃. 基于自适应引导滤波的子带分解多尺度Retinex红外图像增强［J］. 红外技术，2019.

[44] B X W A，B S B，B Z L，et al. The PAN and MS image fusion algorithm based on adaptive guided filtering and gradient information regulation［J］. Information ences，2021，545：381-402.

[45] Li Y，Li Q，Shen W，et al. Research on the Layout and Data Processing Method of Distributed Optical Fiber in Shield Tunnel Monitoring［J］. Journal of Physics：Conference Series，2020，1626(1)：012012（6pp）.

[46] 杨健，杨力，盛武. 分布式光纤扰动传感系统故障模式识别仿真［J］. 计算机仿真，2020，037(001)：444-447.

[47] Liu H，Ma J，Xu T，et al. Vehicle Detection and Classification Using Distributed

Fiber Optic Acoustic Sensing[J]. IEEE Transactions on Vehicular Technology, 2020, 69(2): 1363-1374.

[48] 朱启慧. 基于BWT的数据压缩方法研究[J]. 电子世界, 2020, 586(04): 7-8.

[49] 宋玉鸣. 基于自适应分布式压缩感知重建算法的无线信道估计研究[D]. 2020.

[50] Wang S. Multimedia data compression storage of sensor network based on improved Huffman coding algorithm in cloud[J]. Multimedia Tools and Applications, 2019 (17).

[51] Zheng Y, Wu H, Tang B, et al. Big data compression and storage for continuous spatio-temporal monitoring of power transmission cables with distributed fiber-optic vibration sensor (DFOVS)[C]//2018 International Conference on Sensor Networks and Signal Processing (SNSP). IEEE, 2018: 145-151.

[52] 郑义. 分布式光纤海量传感数据实时压缩方法[D]. 电子科技大学, 2019.

[53] Yan Q, Chen H, Chen W, et al. Dynamic characteristic and fatigue accumulative damage of a cross shield tunnel structure under vibration load[J]. Shock and vibration, 2018: 1-14.

[54] Aggarwal V, Gupta V, Singh P, et al. Detection of spatial outlier by using improved Z-score test[C]//2019 3rd International Conference on Trends in Electronics and Informatics (ICOEI). IEEE, 2019: 788-790.

[55] 刘佩, 朱海鑫, 杨维国, 等. 机械振动引起的高层建筑共振与减振响应实测[J]. 浙江大学学报(工学版), 2020, 54(1): 102-109.

[56] 张枫茁, 顾吉林, 李欣阳, 等. 固有频率与共振频率影响因素及实验研究[J]. 大学物理实验, 2019, 32(2): 37-41.

[57] 项洪, 吴琛, 杨超, 等. 基于EMD的单自由度体系地震瞬态与稳态反应计算与分析[J]. 振动与冲击, 2020, 39(13): 193-197, 229.

[58] Aggarwal V, Gupta V, Singh P, et al. Detection of Spatial Outlier by Using Improved Z-Score Test[C]//2019 3rd International Conference on Trends in Electronics and Informatics (ICOEI). IEEE, 2019: 788-790.